KB188747

성적 초격차를 만드는

독서력 수업

성적
초격차를
만드는

독서력 수업

**읽고, 쓰고,
생각하는 공부머리,
초등에서 완성하라**

김수미 지음

빅피시
BIG FISH

조용히 성적을 역전시키는
독서 교육의 비밀

중학생 아이들 수업을 하다 보면 박완서의 소설《그 많던 싱아는 누가 다 먹었을까?》에서 제기한 의문처럼 '그 많던 영재는 어디로 갔을까?'라는 생각이 들 때가 있다. 1%반, 아이큐 140반 등 갖가지 이름의 영재반이 난무하는 대치동에는 유·초등 때부터 소위 영재라고 불리는 아이들이 정말 많다. 그러나 시간이 지남에 따라 하나둘씩 경쟁에서 밀려나고 종국에는 평범한 아이가 되는 경우가 비일비재하다. 하지만 이와는 반대로, 어릴 때는 두각을 나타내지 못했지만, 중·고등학교에 올라가면서 점점 존재감을 드러내는 아이도 있다. 왜 이런 차이가 발생하는 걸까?

답은 유·초등 시기에 만들어진 독서력에 있다. 유년기 독서 정서를 잘 만들고 초등 저학년 때 활자를 정확하게 읽는 습관을 다진 아이는, 이후 고학년이 되면서 착실히 배경지식을 확장해 문학·비문학을 가리지 않고 읽는 단단한 독서가로 성장한다. 이렇게 차근차근 키운 독서력은 상급 학교로 갈수록 무시무시한 저력이 된다.

뒤늦게 공부를 시작해도
결국 앞서가는 아이들

지난 26년간 독서 교육 전문가로 아이들을 만나 오면서 중·고등학교 때 성적 초격차를 만드는 역전의 용사 같은 아이들을 수없이 보았다. 초등학교 때는 말수가 적고 존재감이 없었던 승주는 중학교 2학년 때 읽은 책 한 권을 계기로 하고 싶은 일을 찾았다. 이후 내성적인 성격을 극복하려는 의지를 갖고 도전해 전교 회장에 올랐고, 이를 발판 삼아 '하나고 리더십전형'에 합격했다. 이찬이는 수업 때마다 엉뚱한 얘기를 하는 산만한 아이였다. 하지만 남들에게 관심받는 것을 좋아하는 아이의 특성을 고려해 진득하게 책을 읽히기보다, 책을 읽고 토론대회에 나가보기를 권했다. 그 결과 이찬이는 '서울시 토론상'을 받았고, 이를 계기로 책 읽기에 더욱 자신감을 갖게 되었다. 이후 공부도 의욕적으로 하더니 모두가 선망하는 서울대 의대에 진학했다. 이 글을 쓰고 있는 오늘도 초등학교 때까진 공부에 별 관심을 보이지 않던 장난꾸러기 녀석 하나가 용인외고에 합격했다는 소식이 들려왔다.

이 아이들 모두 어느 집에나 있을 법한 지극히 평범한 초등학생들이었다. 우리 집 소파에서 뒹굴고 있는 그 아이처럼 말이다. 하지만 평범한 아이들에게 어느 날 꿈이 생기고 공부에 뜻이 생겼다고 해서 모두가 역전의 용사가 될 수 있는 건 결코 아니다. 앞서 언급한 아이들에게는 오랜 시간 켜켜이 쌓아온 단단한 독서력이 있었다. 그 덕분에 뒤늦게 공부를 시작했음에도 공부 내공을 십분 발휘할 수 있었던 것이다.

반면, 유·초등기에 남다른 똑똑함으로 모두의 주목을 한 몸에 받았지만, 어느 순간 신기루처럼 사라진 안타까운 사례들도 많이 보았다. 이 아이들의 공통점은 마치 인스턴트 음식을 만드는 것처럼 당장 눈에 보이는 성과에만 집중하고, 쉽게 드러나지 않는 독서력과 같은 기본기를 간과했다는 점이다. 조급한 부모님들은 이제 막 책에 재미를 붙인 초등 아이에게 더 어려운 지식책 읽기를 권하고, 주요 과목 문제 풀이에 더 많은 시간을 할애하게 만든다. 결국 독서 기반이 약한 아이의 학업 성취도는 쌓아올리기 쉬웠던 만큼 허무하게 힘을 잃는다.

더욱이 초등학교 시기에 독서력 만들기에 실패하면 이후 중·고등 시기에는 이를 만회하기가 무척 어렵다. 쑥과 마늘만 먹고 환골탈태한 곰 같은 인내가 있다면 또 모르겠다. 그만큼 독서력은 단시간에 만들 수 있는 영역이 아니다. 독서력이야말로 아이의 성장과 함께하며 긴 시간 정직한 노력을 투자해야만 얻을 수 있는 능력인 것이다. 그렇기 때문에 단단한 독서력을 갖는다는 건 지극히 평범해 보이나 결코 쉽게 허락되지 않는 어려운 일이다. 하지만 여기에 타고난 머리나 특별한 재주가 필요한 것은 아니다. 정확한 교육법을 알고, 아이와 함께 꾸준히 책을 읽고 생각을 나누려는 부모님의 관심과 노력만 있다면 누구나 이룰 수 있는 목표이기도 하다.

아이의 학습에서
가장 큰 힘을 발휘하는 것

'독서문화연구원'이라는 이름을 내걸고 처음 회사를 만들었을 때부터 지켜온 고집은 당장 눈앞에 보이는 결과를 내는 것이 아니라 결국 해내는 아이로 만드는 독서 교육이었다. 나는 독서 교육이 단지 더 어려운 책을 읽게 하거나, 빨리 읽게 하는 것, 독해 문제를 잘 푸는 데 필요한 역량을 기르거나, 글짓기를 잘하게 만드는 일이라고 생각하지 않는다. 아이가 책을 좋아하고, 내용을 정확히 이해하며 그 위에서 자기 생각을 확장해나가는 것, 이것이 내가 독서를 통해 아이들에게 키워주고 싶은 능력이다.

그런 꿈을 담아 만든 '논술화랑'은 온갖 구호가 넘쳐나는 대치동에서 여타 수업들과 달리 책 읽기의 힘을 믿는 수업을 해왔다. 누군가는 지금 당장 국어 성적을 올려주는 수업을 해야 성공할 수 있다고 말했지만, 나는 그 길을 가지 않았다. 독서 교육의 결과는 당장 눈에 보이지 않지만, 꾸준히 쌓아 올렸을 때 결국 아이의 학습에서 가장 큰 힘을 발휘한다는 것을 믿기 때문이다.

화랑의 독서 교육은 음식으로 치자면 슬로푸드에 가깝다. 30년 가까이 일관되게 지켜온 나의 교육 철학은 교육이란 아이들의 성장 과정에 맞춰 이뤄졌을 때 가장 강력한 효과를 발휘한다는 것이다. 유아기 아이가 재밌게 읽을 수 있는 책이 있고, 초등 고학년이 되어서야 이해할 수 있는 책이 있다. 아이의 속도를 무시한 채 서둘러 읽기 독립을 시키려 하고, 더 어려운 책으로 넘어간다면 결코 단단한 독서력을 길러줄 수 없다.

화랑에서 책을 한 권씩 꼭꼭 씹어 읽는 독서 수업을 꾸준히 받은 아이들은 시간이 지나면서 학교에서 주목받는 탁월한 아이로 성장해나갔다. 이러한 화랑의 놀라운 성과는 점점 입소문을 탔고, 지금은 재원생 5,000명, 대기생 1만 5,000명에 이르는 대치동의 명문으로 자리매김했다. 모두가 눈앞의 성과만 좇는 세상에서, 느리지만 단단하게 아이들의 독서력을 다져나가는 화랑의 성공은 매우 이례적이다.

명문대 합격을 만드는
화랑의 독서 교육 로드맵

많은 분들이 화랑의 교육 방식에 주목하고 그 비결을 궁금해한다. 강연이나 세미나에서 만나는 부모님들은 스스로 책 읽는 아이로 키우려면 어떻게 해야 하는지, 책을 읽고 아이와 어떤 독후 활동을 하면 좋을지 등 구체적인 교육법을 묻기도 한다. 하지만 한두 시간 남짓한 짧은 만남을 통해 모든 걸 알려주는 건 쉽지 않은 일이다. 더욱이 부모님들이 흔히 갖는 잘못된 교육 방식을 바로잡아주기란 더욱 어렵다. 그래서 2시간을 꽉 채운 강연을 끝내고도 이런 맥 빠지는 질문을 받을 때가 많다.

"아이가 독해 문제를 잘 못 풀어요. 책을 좋아한다고 내버려뒀더니 독해력이 엉망이 되었어요. 아무래도 책 읽기는 그만하고 문제집을 풀려야 할 것 같아요."

"우리 아이는 책을 느리게 읽는데 짧은 시간을 투자해서 더 두껍고 어려운 책을 읽힐 수 있는 손쉬운 방법이 없을까요?"

"선생님, 저희 아이는 수학 숙제가 너무 많아서 책 읽을 시간이 없어요."

그런데 놀라운 사실은, 이렇게 질문했던 학부모님들이 아이가 중학생이 되면 다시 학원에 찾아와 "초등학교 때는 곧잘 하던 애의 성적이 갑자기 왜 떨어졌는지 모르겠어요"라며 하소연을 한다는 것이다.

이미 용사의 힘을 잃어버린 아이의 시간은 되돌릴 수 없다. 이런 안타까운 일은 독서 교육에 몸담은 지난 26년간 늘 반복되었다. 물론 부모님의 마음이 이해되지 않는 건 아니다. 독서력은 크고 복합적인 능력이기 때문에 수학이나 영어처럼 그 능력을 쉽게 확인할 수 없다. 피드백이 바로바로 오지 않으니 단지 길고 지루한 자기와의 싸움같이 느껴지기도 할 테다. 그 과정에는 필연적으로 내가 잘하고 있는 건지, 올바른 판단을 한 건지에 대해 불안함이 함께한다. 그러니 이제라도 방향을 바꿔 남들 다 하는 교육을 따라야 하는 건 아닌지 고민이 되기도 할 것이다. 아이를 키우는 부모님들은 모두 두렵고, 조심스럽고, 확신하지 못한다. 그만큼 아이가 소중하기 때문이다.

이렇게 아이 교육에 대해 흔들리고 고민이 많은 부모님들을 위해, 가장 구체적인 강연을 한다는 마음으로 지난 8개월간 책을 집필했다. 한마디로 이 책은 부모님들에게 꼭 알려드리고 싶었던 독서 교육의 모든 것을 담아낸 안내서이다. 부족한 시간을 쪼개서 책을 쓰는 과정이 녹록지는 않았다. 하지만 그동안 화랑을 운영하면서 쌓은 독서 로드맵과 노하우를 모두 집약해서 책을 써 내려 갔다.

이 책의 PART1에서는 먼저 아이를 독서의 세계로 이끌기 위한 마인드 세팅을 해본다. PART2와 PART3에서는 부모님들이 독서 교육을 하기 위해 반드시 알아야 할 것들을 6단계로 쉽게 정리했다. 여기에는 전략적이고 체계적인 화랑의 교육 노하우가 모두 담겨 있다. 게다가 아이의 수준에 맞게 시기별로 읽으면 좋은 추천 도서와 집에서 아이와 해볼 수 있는 다양한 독후 활동을 소개해 그 어떤 독서 교육서보다 유용할 거라고 자신한다.

독서력은 읽고 써야 비로소 완성된다. 하지만 글쓰기는 부모님들이 읽기 독립 다음으로 만나는 자녀교육의 최대 과제이다. PART4에서는 자기 생각을 막힘없이 써내려가는 아이로 키우는 비법을 안내한다. 한 줄 쓰기로 시작해 통글을 완성하는 단계별 지도법, 글쓰기를 막 시작한 아이에게 절대 해서는 안 될 말, 아이가 직접 하는 첨삭법, 독서록 쓰기가 쉬워지는 부모님의 질문 리스트 등의 구체적인 정보는 부모님들에게 글쓰기 지도에 관한 자신감을 가져다줄 것이다. 마지막으로 PART5에서는 단단히 쌓은 독서력을 수행평가, 진로탐색, 생기부 관리 등 실제 중학교 학교생활과 연계하는 비법을 전수한다. 이 정보들이 자녀를 공부 잘하는 아이로 키우고 싶은 전국의 부모님들에게 전해져 부디 귀하게 쓰이길 바란다.

그동안 화랑에서 수업을 받은 수많은 아이들은 이제 훌쩍 자라 30대 초반에 진입했다. 의사나 약사가 된 아이도 있고, 과학자의 길을 걷는 아이도 있다. 동시 통역사가 되거나 외교관, 기자, 국가 주요 기관의 공무원이 된 아이 등 모두 저마다의 길에서 최선을 다하고 있다. 아이들의 소식을 들을 때마다 뿌듯하다.

스마트폰을 비롯해 자극적인 콘텐츠가 넘쳐나는 시대에 한 권의 책을 집중해 읽힌다는 것은 어려운 일이다. 하지만 꿈을 향해 나아가는 아이들에게 책은 언제나 지혜를 나눠주는 위대한 스승이 되어줄 것이다. 언젠가 혼자 뚜벅뚜벅 인생을 걸어갈 아이에게 책이라는 스승을 만들어주기 위해 오늘도 고군분투하는 모든 부모님들에게 아낌없는 찬사와 응원을 보낸다.

마지막으로 이 책이 나오기까지 물심양면 도움을 주신 화랑의 연구부 선생님들에게 고맙다는 인사를 전한다. 또 이 책을 정성스럽게 만들어주신 빅피시 출판사와 관계자 여러분에게도 감사하다는 말씀을 드린다.

봄이 오는 연구소에서
김수미 드림

차례

프롤로그 | 조용히 성적을 역전시키는 독서 교육의 비밀   4

PART 1
독서력이 단단한 아이가 결국 해낸다

논술화랑이 대치동 부동의 1위인 비결   19

내 아이도 막강한 문해력의 소유자가 될 수 있다   25

읽은 내용을 사진 찍듯 기억하는 아이의 비밀   31

책을 읽으면 국어 점수는 저절로 따라온다   36

아이를 독서의 세계로 이끄는 부모님의 기술   42

PART 2
책과 친한 아이로 키우는 3단계 교육법

1장 • 1단계 예비 독서가의 기초 역량 기르기

12세 이후 '공부 포텐'을 터트리려면   52

모국어의 구조가 생각의 구조가 된다   60

한글은 언제 가르치는 게 좋을까?   67

엄마 아빠 목소리로 책 읽어주는 시간의 힘   73

읽기 독립의 날이 오긴 올까?   80

책 읽는 재미에 푹 빠져들게 만드는 법   88

2장 • 2단계 초보 독서가의 습관 만들기

공부의 기초, 정독 습관 키우기   96

아이의 편독을 방해하지 마라   103

음독 훈련이 가져다주는 3가지 능력   107

창의력과 논리력 두 마리 토끼를 잡는 법   116

책과 멀어진 아이의 마음 되돌리는 법   123

3장 • 3단계 단단한 독서가로 점프하기

지식책으로 읽기 독립을 완성하려면   132

배경지식을 키워주는 화랑의 독서 교육법   144

공부 잘하는 아이로 자라는 첫 허들 넘기   154

최상위권 아이들이 가진 최강의 공부 능력   161

PART 3
성적 초격차를 만드는 3단계 독서법

4장 • 1단계 초등 저학년, "책 읽기는 재미있어"

자존감과 문해력을 키우는 그림 동화의 놀라운 힘   174

좋은 그림 동화를 고르는 7가지 기준   184

+ 그림 동화를 고르는 부모님의 체크리스트   199

아동기에 전래·명작 동화를 읽어야 하는 이유   201

수준과 취향, 교육 효과를 고려한 책 선택하기   209

+ 10세 이전에 읽어야 할 그림 동화 추천 도서   217

5장 • 2단계 초등 중학년, "어려운 책에도 도전해볼래"

아이에게는 완벽한 영웅이 필요하다   220
+ 위인전 선정 기준과 추천 도서   228
비문학 책을 거침없이 읽는 아이의 비밀   229
+ 과도기 독서가를 위한 이야기책 추천 도서   235

6장 • 3단계 초등 고학년, "더 넓은 세상이 궁금해"

어려운 고전소설, 쉽게 읽히는 법   238
+ 10대에 읽어야 할 고전소설 추천 도서   246
학습의 출발선에 선 아이를 위한 확장 독서   248
+ 10대에 읽어야 할 장르 소설 추천 도서   258
+ 10대에 읽어야 할 비문학 추천 도서   259

PART 4
읽고 써야 비로소 독서력이 완성된다

글쓰기를 처음 시작하는 아이를 대하는 법   263
빈 원고지 앞에서는 근거 없는 자신감이 필요하다   269
아이의 말투가 그대로 글이 되게 하라   276
생각의 속도로 글을 쓰기 위해 꼭 갖춰야 할 필력   283
글쓰기 분량을 늘리는 단계별 전략   291
서론, 본론, 결론에 맞춰 개요 짜는 법   300
+ 서론, 본론, 결론을 시작하는 글쓰기 노하우   306
좋은 글에 대한 안목을 키우는 첨삭 지도법   309
입시까지 이어지는 독서록 쓰기의 모든 것   316
+ 주제 탐구 보고서 형식의 독서록 쓰는 법   326
+ 독서록 쓰기가 쉬워지는 부모님의 질문 리스트   328

PART 5

중학생이 되기 전에 알아야 할 독서 활용법

중1 때부터 생기부 관리를 해봐야 하는 이유	335
생기부는 무엇이고, 어떤 내용이 기재될까?	341
모든 입시는 독서록으로 통한다	347
수행평가 잘 보는 아이는 뭐가 다를까?	353
진로 탐색에 독서만큼 손쉬운 방법은 없다	359

PART 1

독서력이 단단한 아이가
결국 해낸다

논술화랑이 대치동 부동의
1위인 비결

사교육 1번지로 불리는 대치동에서 유명 논술학원을 운영한 지 올해로 딱 20년째이다. 긴 시간 동안 사람들은 나에게 "문해력을 높일 수 있는 비법이 무엇이냐"라는 한결같은 질문을 해왔다. 이런 걸 보면 '내가 그 비법을 가장 잘 알 만한 사람이 아닐까?' 하는 생각도 해보게 된다. 처음 이 책의 출간을 제안받았을 때, 출판사에서도 "대치동 유명 학원인 화랑에는 아이들의 문해력을 키워주는 특별한 비법이 있을 텐데, 그걸 책에 담아보자"라고 말했다. 그래서 그 비법이 무엇일까 고민해보게 되었다. 그 결과 찾은 답에 대해 이야기해보고자 한다.

몇 해 전 관절이 좋지 않던 아버지는 척추·관절 분야에서 제일이라 손꼽히는 선생님에게 수술을 받게 되었다. 수술이 끝나고 주치의 선생님은 생각했던 것보다 수술이 잘됐다고 말했고 우리 가족은 안도했다. 하지만 한참의 시간이 흐른 뒤에도 아버지의 무릎은 계속 말썽이었다. 아무래도 그 의사가 돌팔이였던 것 같다고 불평하는 아버지에게 어머니는 "그게 수술로 새것처럼 말짱하게 고쳐질 거였으면, 이건희 회장이 왜 지팡이를 짚고 다니겠어요?"라고 핀잔을 주었다.

어머니의 말을 듣고 피식 웃음이 난 동시에 세상의 이치를 간파한 현명한 생각이 아닌가 하는 감탄이 절로 나왔다. 흔히 사람들은 용한 의사를 만나면, 혹은 비싼 치료비를 내면 아픈 곳이 마법처럼 사라질 거라고 기대한다. 내가 아픈 이유는 아직 그런 치료를 받지 못했기 때문이라고 말이다. 하지만 그렇게 손쉽게 노화를 해결할 수 있다면 이 세상 모든 부자들은 이미 불로장생했을 것이다. 그런데 지금도 아프고, 병들고, 죽는 부자가 있는 걸 보면 그건 돈이나 정보력으로 해결되지 않는 일임이 분명하다.

아이의 실력도 마찬가지다. 지극히 상식의 범주에서 반드시 필요한 과정이 있고, 그만큼 투자해야 하는 시간과 노력이 있다. 하지만 사교육비를 투자하면, 또는 드라마에 나온 것 같은 비밀스럽고 특별한 정보를 얻으면, 노력과 시간이라는 쓴 과정을 패스하고 달콤한 결과만 쏙 얻을 수 있지 않을까 하는 막연한 기대를 갖게 된다. 물론 세상에는 사람들이 거의 모르는 아주 특별하고 비밀스러운 비법을 가르쳐주는 사람도 있긴 하다. 그들은 주로 이성적 사고와 상식으로는 납득되지 않는 특별한 방법을 제안한다. 이후에는 무조건 믿으라고 한다.

단언하건대 돈으로 아이의 실력을 살 순 없다. 아이러니하지만 이 사실이야말로 비법이 아닐까 한다. 세상에 특별한 비법이 없다면 지금부터 내 아이가 원하는 실력을 갖추기 위해 무엇을 해야 할지 분명해지지 않는가. 이 사실을 인정하지 않는다면 더 오래 헛된 돈과 시간을 쓰게 될 뿐이다.

그래서 시작은 비법이 없다는 걸 인정하는 데서 출발해야 한다. 비법이 없다고 낙담할 필요는 없다. 우리 아이에게만 없는 게 아니라, 모두에게 똑같이 없는 거라면 이 얼마나 공평한 행운인가? 적어도 나보다 더 재력과 정보력이 있는 사람 때문에 우리 아이가 손해 볼 일은 없지 않겠는가?

책을 손에서 놓지 않는 아이들

아이의 문해력을 높이고 싶으면 문해력 높은 사람들이 해왔던 과정을 그대로 따라 해보면 된다. 오랜 시간 아이들을 가르쳐오면서 문해력이 탄탄한 아이를 수도 없이 봐왔다. 이 아이들의 공통점은 무엇일까? 답은 예상했겠지만 모두 책을 좋아한다는 점이다.

수학이나 영어 학원 숙제가, 혹은 올림피아드 준비가 아무리 바빠도 책을 손에서 놓지 않은 아이들이 있다. 이 아이들이 결국 문해력 높은 아이로 성장하게 된다. 여기에 책을 읽고 난 후, 읽은 내용을 대화나 글쓰기 등으로 활용하는 독후활동이 더해지면 금상첨화다. 이런 일련의 과정을 얼마나 반복했느냐에 따라 아이의 문해력은 달라진다. 이 얼마나 간단하고 쉬운 일인가?

오늘부터 해보자. 책을 읽고, 독후활동을 해보는 거다. 매일 빠짐없이 하면 된다. 만약, 스케줄이 너무 바쁘다면 자투리 시간에 짬짬이 해보자. 매일 꾸준히만 하면 된다. 아마 지금까지 이 글을 읽고 있는 독자들은 이런 당연한 말을 듣고선 '그게 되면, 그렇게 쉬운 일이면 왜 이런 책을 사서 읽는 수고를 하겠냐'고 불평할 수도 있다. 맞는 말이다.

건강한 몸을 가지려면 균형 잡힌 식사를 하고, 매일 꾸준히 운동하면 된다. 이건 누구나 아는 사실이다. 하지만 놀랍게도 이를 실천하는 사람은 극소수에 불과하다. 하루 1시간의 운동은 마음먹으면 누구나 할 수 있는 일이다. 매일 야채를 먹는 일, 오메가

3가 많은 음식을 먹는 일 역시 마음만 먹는다면 누구나 할 수 있다. 방법도 알고, 실천하기 어렵지도 않지만 정작 하기는 쉽지 않다. 왜 우리는 알면서도 못 하는 걸까?

비밀은 '마음먹으면'에 있다. 이 단어는 쉬워 보이지만 쉽지 않은 단어다. 한자어로 '마음먹으면'을 뜻하는 단어는 결심(決心)이다. 뜻을 풀이하면 '물길을 틔운다' '물길이 터진다'는 의미의 결(決)과 '마음'을 나타내는 심(心)이 합쳐진 단어로 '마음의 물길을 바꾸는 일'이라는 뜻이다. 이제 알겠는가? 마음먹고 난 다음에 어떤 일을 하는 게 어려운 게 아니라, '마음먹는 것' 자체가 무척 피곤한 일인 것이다. 무려 마음의 물길을 바꾸는 일이니 말이다.

소소하고 쉬운 일이어도, 그 일을 할 때마다 '결심'이라는 큰 에너지가 필요한 과정이 있어야 한다면 한두 번이야 하겠지만 매일 지속할 순 없다. 매번 물길을 바꾸며 살 순 없지 않겠는가. 그러니 결심은 아껴뒀다 어쩌다 한 번씩 중요한 일을 할 때 사용하는 게 바람직하다. 밥을 먹는다거나, 손을 씻는다거나, 야채를 먹는 것처럼 매일 반복해야 하는 일에는 어울리지 않는 단어다. 이런 일들은 물길을 거슬러 바꿀 게 아니라, 오히려 물길과 같은 자연스럽고 일상적인 흐름으로 행해져야 한다. 그리고 이런 행동을 '습관'이라고 한다. 의식하지 않았는데도 나도 모르게, 어느 순간 내 몸이 저절로 행동하고 있는 것. 그런 반복된 행동이 습관인 것이다.

모두가 궁금해하는 대치동 유명 학원 화랑 교육의 비법은 바로 '습관'에 있다. 어릴 때부터 체계적인 전략으로 만들어진 탄탄한 독서 습관. 그리고 그 습관을 바탕으로 만드는 입시 결과가 긴 시간 동안 화랑을 강남 부동의 1등으로 만들어준 비법이다. 이제부터 화랑에서 어떤 전략으로 아이들에게 독서 습관을 만들어주는지에 대해 하나씩 살펴보도록 하자.

내 아이도 막강한 문해력의
소유자가 될 수 있다

우리는 일상에서 '그러다가 버릇된다'라는 말을 종종 사용한다. 한번 자리 잡은 습관은 쉽게 바뀌지 않기 때문에 경계하는 의미에서 이런 표현을 쓰는 것이다. 그런데 이렇게 인생을 좌지우지할 정도로 영향력 있는 '습관'은 아이러니하게도 교육에서는 지금까지 그리 주목받지 못했다. 교육의 주인공 자리를 오랜 시간 '지식'이 차지하고 있었기 때문이다.

우리의 교육은 전통적으로 지식의 양을 늘리는 것을 목표로 해왔다. 그래서 깔끔하게 구조화된 설명으로 지식을 전달하고,

시험을 통해 그 결과를 확인하는 방식으로 이루어졌다. 아마 이 글을 읽고 있는 부모님 세대 또한 지식 위주의 교육 방식이 다분히 상식적이라고 느낄 것이다.

독서 교육에 있어서 지식 획득이 목표였을 때와 독서 습관 획득이 목표였을 때를 비교해보면, 겉으로는 비슷해 보일지 몰라도 실제 교육의 내용은 완전히 달라진다. 전자의 경우 잘 알지 못하는 생소한 분야의 지식이 담긴 책을 주로 선정한다. 그리고 책의 핵심을 잘 요약해서 이해하기 쉽게 설명해주고, 지식을 머릿속에 잘 입력했는지 확인하는 독후 활동을 한다.

반면, 후자인 '독서 습관'을 목표로 하는 경우, 독서 경험을 반복해서 누적하는 것과 그 경험에 대한 긍정적인 정서 형성을 중시하게 된다. 이를 위해 아이가 혼자 수월하게 읽을 수 있는 수준의 쉬운 책을 선정하고, 책 읽기 자체를 인상적인 경험으로 만드는 데 집중한다. 이때 체계적인 교육을 위해 경험은 쉽고 재미있는 것에서부터 복잡하고 깊이 있는 것으로 점진적인 단계를 거치도록 설계한다. 이렇게 난이도를 조절하며 독서 경험의 위계를 구축하는 것이 중요하다.

물론 전자의 지식 중심 교육은 잘못되었고, 후자의 습관 중심 교육이 옳다는 말은 결코 아니다. 화랑에서도 이 두 가지 교육 형태가 모두 이루어진다. 중요한 건 순서에 있다. 적어도 초등학교 저학년 시기까지는 분야를 막론하고 '습관 형성을 목표로 한' 독서 교육을 하는 것이 적절하다. 그리고 초등학교 고학년 이후 좋은 독서 습관의 바탕 위에 지식 교육이 이루어졌을 때 교육의 시너지는 배가된다.

인위적인 노력이 값지다는 착각

습관 형성에 중점을 둔 화랑의 저학년 교육에서 무엇보다 중시되는 가치는 '재미'이다. 습관 형성을 위해서는 반복이 필수인데, 재미없는데도 꾹 참고 하는 데에는 한계가 있기 때문이다. 독서에 대한 긍정적인 경험을 쌓기 위해서는 다음과 같이 아이의 발달 단계에 적합하게 독서 경험을 구성할 필요가 있다.

첫 번째 단계는 부모님이 책을 읽어주는 구연의 과정이다. 이 과정은 본격적인 독서 습관을 장착하기 전에 책에 대한 호감을 높여주는 단계이다. 이 단계를 충실히 거치면 아이는 책에 대한 좋은 정서를 갖게 된다. 두 번째 단계는 글자를 정확하게 읽는 정독 습관을 기르는 과정이다. 이 시기에는 다소 쉬운 책을 반복해서 읽거나 아이가 좋아하는 장르를 편독하는 것을 장려한다.

정독 습관이 잘 자리 잡고 나면 세 번째 단계에서는 다양한 분야의 책을 읽는 다독을 위한 교육이 이루어진다. 이때 아이들이

단계	독서 형태	교육 목표	대상 연령
1단계 독서 정서 형성하기	책 읽어주기	긍정적인 독서 정서 형성	유아기
2단계 읽기 습관 확립	한글 떼기, 읽기 독립	정확하게 읽는 정독 습관 형성	초등 저학년
3단계 배경지식 확장	다양하게 읽기	배경지식 확보하기	초등 고학년

아이의 문해력을 높이는 3단계 독서 교육

가장 어렵게 느끼는 부분은 배경지식을 확보하는 것이다. 배경지식이 없으니 책을 제대로 읽어낼 수 없고, 책을 제대로 읽지 못하니 배경지식이 쌓이지 않는 악순환을 반복하게 된다. 그래서 이 시기 독서 교육은 지식 획득을 목표로 한다.

물론 따로 지식 교육을 하지 않더라도 아이들은 배경지식을 확보할 수 있다. 바로 학교 교과 공부를 통해서다. 하지만 우리나라 입시 현실에서 중·고등학생이 시간을 내서 책을 읽는 건 녹록지 않다. 학교 교과를 통해 배경지식을 충분히 확보한 초등학교 6학년 이후 다독을 시작하려고 하면 다른 내신 공부에 밀려서 독서 단절기가 올 확률이 무척 높다. 그렇기 때문에 '배경지식 확장' 단계에서 아이가 다양한 분야의 책을 읽도록 특히 신경 쓸 필요가 있다.

독서에 대한 좋은 정서를 형성하고, 활자를 정확히 읽는 습관을 만든 후, 다독으로 전환하는 이 세 단계를 무사히 완수하고 나면, 이후에 부모님이 할 일은 크게 없다. 독서 습관이 완전히 자리 잡을 때까지 2~3년 정도 아이가 매일 꾸준히 책 읽을 시간만 확보해주면 된다.

그럼 아이는 좋은 독서 습관을 지닌 슈퍼 독자, 즉 막강한 문해력의 소유자로 알아서 무럭무럭 성장한다. 이것이 내가 아는 문해력을 키우는 유일한 비법이다. 탄탄한 문해력이 만들어지는 일련의 과정은 딱히 특별할 것도, 어려운 것도 없다. 단지 꾸준한 관심과 큰 인내심이 필요할 뿐이다.

하지만 많은 부모님들이 기본적인 부분은 시시하게 여기고 내 아이가 어려워할 특별한 무언가를 자꾸 하려고 하는 청개구리 같은 경향을 갖고 있다. 마치 내 집에 있는 파랑새는 굶기며 먼 곳에 파랑새를 찾으러 가는 것처럼 말이다. 책 읽기를 좋아하는 아이에게는 수학을 더 시키고 싶어 하고, 발달 과정에 맞는 독서를 하는 아이에게는 더 어려운 책, 혹은 아이가 싫어하는 분야의 책을 억지로 읽히려고 한다. 이런 인위적인 노력이 더 값진 것이라고 단단히 착각하면서 말이다. 하지만 아이를 올바른 길로 이끌고 싶다면 노력하고 있는 부모 자신의 모습에 도취되지 말고, 오직 아이에게 필요한 것이 무엇인지를 세심히 살펴야 한다.

읽은 내용을 사진 찍듯 기억하는
아이의 비밀

지금까지 활자 중독 수준의 독서광인 아이들을 제법 만나왔지만, 시환이는 단연코 그중 최고였다. 하루는 어머니와 대화 중이었는데 기다림이 지루했던지 아이가 옆에서 자꾸 보챘다. 귀찮은 마음에 손에 잡히는 얇은 책 한 권을 주며 읽으라고 했더니 아이는 20분도 채 지나지 않아 책을 다 읽었다고 말했다. 그때 내가 무심코 준 책은《말의 미소》라는 동화책으로 초등학교 4학년 아이가 20분 만에 읽을 수 있는 내용이 결코 아니었다. 책을 대충 보고 다 읽었다고 우기는 아이의 태도에 대해 따끔하게 일침을 가할 목적으로 어려운 문제를 내기 시작했다.

"여기 나오는 말 이름이 뭐야?"

"비르 아켕이요."

"어른들이 시위를 한 이유가 뭐지?"

"낙농 할당제 때문에요."

낯선 발음 때문에 정확히 기억하지 못할 것 같은 이름 문제를 쉽게 맞히는 걸 보니, 더 어려운 문제를 내야겠다고 생각했다.

"그럼 백작 이름은 뭐야?"

이 동화에서 백작은 주요 인물도 아니고, 스치듯 몇 번 나오는데, '드빌셰즈'라는 발음하기조차 어려운 이름이었다. 문제를 내면서도 내심 치졸한 문제다 싶긴 했다. 하지만 내 예상과는 달리 시환이는 이번에도 정확하게 백작 이름을 말했다.

단 20분 만에 마치 책의 본문을 스캔한 것처럼 기억해낼 수 있을까? 이 글을 읽는 독자들도 아이의 기억력에 놀랐을 것이다. 그런데 이건 기억력과는 별개로 문해력이 높기 때문에 나타나는 결과다. 탁월한 문해력을 가진 아이들은 텍스트를 매우 빨리 읽을 뿐만 아니라 내용에 대한 기억력도 남다르다. 이유는 간단하다. 바로 독서라는 행위가 '간접 체험'이기 때문이다.

직접 보고 느낀 것처럼 책을 읽는 법

경주 불국사에 대한 정보를 얻는 데는 두 가지 방법이 있다. 첫 번째는 불국사를 직접 가서 경험해보는 것이다. 청운교와 백운교를 오르고 아름다운 자하문을 지나면 왼쪽에는 석가탑이 오른쪽에는 다보탑이 있다. 이 두 개의 탑을 지나면 웅장한 대웅전이 있고, 그 뒤에는 무설전이 있다. 이곳을 직접 가서 본다면 천년 역사의 현장을 천천히 감상하며 갖가지 감동을 느낄 수 있다. 이렇게 직접 경험한 불국사에 대한 기억은 아주 오랫동안 그리고 선명히 머릿속에 남는다.

두 번째 방법은 불국사 안내 책자를 보는 것이다. 안내 책자에도 청운교와 백운교, 석가탑과 다보탑이 나와 있고 실물처럼 잘 나온 사진 자료도 있다. 이런 간접 체험 방식은 직접 경험했을 때보다 훨씬 적은 시간과 자본, 노력을 투자해서 손쉽게 정보를 얻게 되는 장점이 있다. 서울에 사는 내가 불국사를 직접 체험하기 위해서는 하루를 꼬박 투자해야겠지만, 불국사 안내 책자를 보는 데는 불과 10분 남짓의 시간이면 충분하다.

이렇게 불국사를 직접 체험해본 사람과, 안내 책자를 통해 간접 체험한 사람에게 체험 당일 불국사에 대해 설명해보라고 하면 어떨까? 아마 둘 다 비슷한 정보를 나열할 수 있을 것이다. 하지만 그다음 날은 어떨까? 일주일 혹은 한 달 후는 어떨까? 인상적인 경험은 오랫동안 선명하게 우리의 기억에 머무른다. 하지만 인상적이지 않은 기억은 쉽게 휘발된다. 불국사에 대한 안내 책자가 인상적인 사람은 많지 않을 것이다. 우리는 정보의 나열을 보며 감동하지 않기 때문이다. 그래서 뭐든 간접 체험보다는 직접 체험해보는 것이 값진 자산으로 남는다.

그런데 직접 체험을 하더라도 불국사를 대충 보고 나온다면 아무것도 남지 않을 것이다. 안내 책자의 사진을 대충 훑어본 것과 다름없을 테니 말이다. 결국 직접 체험에서 내가 느낀 감정의 깊이만큼이 기억으로 남게 된다.

반대로 불국사에 대한 텍스트를 안내 책자가 아닌《나의 문화유산 답사기》와 같이 수려한 문체와 깊이 있는 생각으로 서술한 책으로 읽는다면 어떨까? 직접 경험하고 글을 쓴 작가만큼은 아니겠지만, 작가의 글에서 얻은 감동만큼은 선명히 기억될 것이다. 더욱이 우리의 뇌는 책을 읽을 때 실제처럼 느낀 가상 세계에서의 간접 체험을 직접 체험과 구분하지 못한다. 그만큼 책을 몰입해서 읽을 때 간접 체험의 영향력은 직접 체험만큼이나 강력하다.

결국 문해력이란 해당 텍스트가 설명하고 있는 세계를 생생하게 구현하고 경험할 수 있는 능력을 말한다. '마치 진짜 본 것처럼' 척척 대답했던 시환이는 사실, 머릿속에 구현한 세상에서 '진짜 본 것'들을 말했던 것이다. 책에 단 두 번 나온 백작의 이름까지 말한 걸 보면 아이는 악역인 백작의 행동에 단단히 약이 올랐나 보다. 이렇게 아이에게 동화 속 세상은 단지 활자에 적혀 있는 정보의 나열이 아니라 흥미로운 현실, 그 자체였다.

책을 읽으면 국어 점수는
저절로 따라온다

학교 국어 시험을 잘 보기 위해서는 세 가지만 제대로 준비하면
된다. 하나는 교과 지문을 이해하는 것이다. 그리고 이를 바탕으
로 갈래별 문학의 특징, 즉 해당 글 장르의 기초 이론을 익히고,
이후에는 닥치는 대로 문제를 풀어서 문제 풀이 요령을 익히면
된다. 보통 중학교 1학년 아이들이 국어 시험을 못 봤다면, 시험
본 경험이 부족해 문제 풀이에 대한 요령이 없을 가능성이 높다.

중학교 2학년인 용재는 1학기 기말고사를 마지막으로 유학을
갈 예정이었다. 학교 시험 전에는 무려 2,000문제를 푸는 과외까

지 받으며 좋은 성적을 받기 위해 노력했지만, 아무리 공부해도 성적이 나오지 않아 의기소침했다. 용재 어머니의 바람은 아이가 자신감을 회복할 수 있도록, 유학 전 마지막 시험에서만큼은 전교 꼴찌 꼬리표를 떼어주는 것이었다.

　용재에게 문제를 몇 개 풀려보니, 역시 아이는 교과서 지문 내용을 전혀 이해하지 못하고 있었다. 어릴 때부터 책 읽기를 싫어했고 이로 인해 문해력이 현저히 낮았기 때문이다. 이 상태에서 학원과 과외를 바꿔가며 교과서에 나온 문학 이론을 외우게 하고 문제만 반복해서 풀렸으니, 근본적인 문제는 해결되지 않았던 것이다. 지문에 대한 이해 없이 기계적으로 문제만 푼다면 국어 실력 향상에 한게가 있을 수밖에 없다.

　맨 처음 내가 용재에게 수업 시간마다 해준 건 문제집을 치우고 국어 교과서를 천천히 읽어주는 것이었다. 마치 부모님이 어린아이에게 동화책을 읽어주는 것처럼 중학교 2학년 남자아이에게 교과서 지문을 읽어줬다. 십수 년이 지난 지금까지 어렴풋이 기억나는 그때의 지문 내용은 "머리가 좋아지려면 애벌레를 먹어야 한다"라는 친구의 말을 듣고 시험을 잘 보고 싶었던 작가가 실제로 애벌레를 먹었다는 이야기의 수필이다. 애벌레를 입안에 넣고 삼키는 장면을 읽어줄 때, 용재는 "윽~ 더러워, 토할 것 같아요"라며 인상을 찌푸렸다. 이러한 감정적인 반응은 용재가 그 장면을 생생하게 간접 체험하고 있다는 증거였다.

이런 식으로 교과서 지문에 대한 이해도를 높인 결과, 국어 점수는 단번에 97점까지 올라갔다. 이걸 혼자 힘으로 해낼 수 있었으면 얼마나 좋았을까? 문해력이 낮은 아이들은 용재처럼 텍스트를 읽어도 읽은 내용을 머릿속으로 구현하고, 경험하는 사고 활동을 잘하지 못한다. 텍스트 읽기 숙련도가 낮기 때문에 모든 역량을 단순히 글자를 읽는 데 쏟아야 하고 이로 인해 내용을 머릿속으로 이미지화할 여유가 없다.

독서의 핵심은 텍스트의 이미지화와 이를 통한 간접 체험, 그리고 즐거움인데, 문해력 낮은 아이들은 이런 과정을 전혀 경험하지 못하기 때문에 읽기에 재미를 붙이지 못한다. 여기에 어휘력까지 부족하니 연령에 맞는 필독서나 교과서를 읽어낼 수 없다. 그 결과 용재처럼 학습에 어려움을 느끼기 시작했다면 아이의 문해력 수준은 이미 심각한 상태에 이르렀다고 봐야 한다.

독서의 즐거움을 앗아가는 부모님의 조급한 마음

한때 《마시멜로 이야기》라는 책이 대유행을 한 적이 있다. 이 책은 1960년 스탠퍼드 대학교에서 진행한 마시멜로 실험에 관한 내용이다. 연구진은 3~5세 아동을 대상으로 마시멜로를 하나 주고선 지금 먹지 않고 15분간 기다리면 마시멜로 하나를 더 주겠다고 약속했다. 어떤 아이는 기다려서 마시멜로를 하나 더 받았고, 어떤 아이들은 참지 못하고 마시멜로를 먹기도 했다. 이때의 실험 결과를 바탕으로 15년간 추적 조사한 결과, 충동을 잘 참고 기다린 아이들이 성인이 되어서도 학업과 사회생활에서 더 좋은 성과를 보였다. 이 실험은 만족 지연 이론을 뒷받침하는 중요한 근거가 되었다. 만족 지연 이론이란, 즉각적인 만족을 뒤로 미루고 인내한 사람이 더 큰 보상을 얻을 수 있다는 이론이다.

아이의 문해력을 키워주고 싶은 부모님에게도 바로 이 만족 지연 능력이 적용된다. 사실 문해력은 쉽게 확인하거나 당장 수치화할 수 있는 영역이 아니다. 특히 초등학교 저학년 아이들은 문해력 발달이 이제 막 시작되었기 때문에 아직 문해력이 하나도 없다고 생각하는 것이 속 편하다. 그뿐만 아니라 표현력도 미비한 수준이라서 어떤 것을 알고 있다고 해도 제대로 말하지 못하는 경우가 많다. 이런 아이에게 책을 제대로 읽고 있는지 확인하고 싶어서 범인 취조하듯 꼬치꼬치 물어보거나 책과 관련된 문제를 내고선 틀렸다고 다그치는 것은 옳지 않다. 그 과정에서 책 읽기가 부담스러운 일이 되어버리면 아이는 보나 마나 책을 기피하게 된다.

초등학교 고학년이 되면 문제는 더욱 심각해진다. 아이의 문해력을 하루빨리 확인하고 싶은 마음에 독해 문제집을 풀리고 그 점수가 아이의 문해력 수준이라고 단정을 짓는다. 아니, 거기까진 괜찮다. 완벽하진 않더라도 어느 정도 문해력 수준이 반영된 점수일 테니 말이다. 하지만 어느 순간 주객이 전도돼서 문해력을 높이기 위해 책을 읽어야 할 시간에 독해 점수를 올리기 위한 문제 풀이 스킬을 연마시킨다.

그러다가 국어 시험에서 좋은 점수를 받기라도 하면 안심하고 이제 책 읽기를 그만해도 되는 명분으로 받아들인다. 수학 진도 나가기에도 시간이 빠듯하고, 수능 국어 준비도 할 겸 책 읽기보다는 독해 문제집 풀기로 완전히 넘어간다. 하지만 독해 문제집에 있는 단편적인 제시문을 읽는다고 해서 이를 이미지화하고 간접 체험할 수 없다. 문제집을 풀면서 그 내용에 감동하거나 공감할 수는 없지 않겠는가?

"국어 시험이 제일 쉬웠어요!"

그럼 도대체 아이의 문해력 수준이 잘 성장하고 있는지는 어떻게 확인할 수 있을까? 우선 내가 앞서 시환이에게 한 것 같은 지엽적인 질문을 하는 건 바람직하지 않다는 점은 미리 밝혀둔다. 이건 문해력이 이미 탄탄한 아이에게 적용할 방법이지, 한참 문해력이 발달 중인 아이들에게 적용하기에는 적합하지 않다.

아직 문해력이 미약한 아이들의 경우, 문해력이 잘 성장하고 있는지 확인할 방법은 의외로 간단하다. 문해력은 텍스트를 이미 지화해서 간접 체험하고 이를 통해 즐거움을 느끼는 과정이다. 그러니 아이가 이 과정을 잘하고 있는지, 못 하는지는 최종의 결과물인 책을 읽었을 때 즐거움을 느끼는지를 확인하면 된다. 아이 연령에 맞는 난도의 책을 읽혀서 아이가 재밌게 읽는다면 문해력은 잘 성장하고 있는 중이다. 굳이 이런저런 사족을 붙이기보다는 아이를 믿고 기다려야 한다.

책을 무척 좋아하는 아이 중 하나였던 지우는 고등학교 때 이런 말을 한 적이 있다.

"선생님, 수능 국어 시험은 대체 왜 보는 건지 모르겠어요. 지문에 답이 다 나와 있어서 제대로 읽기만 하면 되는 걸 왜 틀리는지도 모르겠고요."

부모님이 먼저 아이의 문해력을 하루빨리 확인받고자 하는 마시멜로의 유혹을 잘 이겨낸다면, 아이는 시환이나 지우처럼 흔들리지 않는 강력한 문해력을 장착할 수 있을 것이다.

아이를 독서의 세계로 이끄는
부모님의 기술

심리학자 에이브러햄 매슬로의 욕구 계층 이론에서는 인간의 본능이 추구하는 욕구를 크게 5가지 단계로 나눈다. 1단계는 생리적 욕구로 밥을 먹거나 잠을 자는 것과 같이 생명을 유지하기 위한 본능적 욕구이다. 2단계는 자신을 안전하게 보호하고자 하는 안전 욕구이고, 3단계는 친구, 가족, 사회 공동체와 같이 내가 속한 집단에서 사랑받고자 하는 소속 욕구이다. 4단계는 타인으로부터 인정받고자 하는 존경 욕구이고, 마지막 5단계는 자신의 재능을 발현하고 자아를 완성하고자 하는 자아실현 욕구이다.

매슬로에 따르면 인간은 하위 욕구가 온전히 다 채워졌을 때 그다음 단계의 상위 욕구를 추구하게 된다고 한다. 그렇기 때문에 사람마다 머무르는 욕구의 단계는 모두 다르다. 이 글을 읽고 있는 부모님들 역시 각기 다른 욕구 단계에 머물러 있을 것이다. 그렇다면 우리 아이의 욕구는 지금 어느 단계에 있을까?

다행히 어린아이의 욕구는 비교적 단순해서 이해하기 쉽다. '만지면 깨질까, 불면 날아갈까'라는 표현이 딱 어울릴 만큼 아이들은 한없이 약한 존재다. 그렇기 때문에 잘 먹고, 푹 잘 수 있는 안정적인 양육 환경에서 자라는 평범한 아이는 예외 없이 2단계인 안전 욕구를 추구한다. 아이들이 유독 식탁 아래나 좁은 틈,

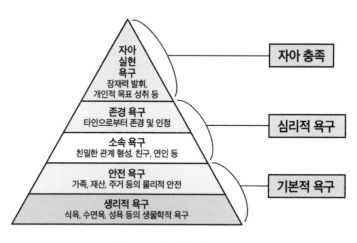

매슬로 욕구 계층 이론 5단계

커튼 뒤 같은 곳에 숨는 걸 좋아하는 것도 이 욕구 때문이다. 작은 공간에 쏙 들어가 있으면 외부의 위협으로부터 자신을 보호할 수 있다는 안전감을 느끼기 때문이다.

이 시기 아이가 실제로 안전을 확보하는 유일한 방법은 바로 부모님의 보호를 받는 것이다. 아이에게 부모님의 사랑은 생존을 위한 절대적인 조건이다. 그래서 아이는 부모님의 껍딱지가 되어 한시도 곁을 떠나지 않으려 든다. 부모님이 나를 사랑한다고 느낄 때 아이는 쾌락을 느낀다. 그런데 혹여 부모님이 나에게 화를 낸다면 생존을 위협받는 심각한 상황이라는 사이렌이 울린다. 이때 아이가 두려움을 느끼는 대상은 혼나고 있는 과격한 상황이 아니라 부모님의 화난 마음 자체다. 안전하다는 느낌이 뭐 그렇게까지 중요할까 싶기도 하겠지만 이 난계의 욕구를 추구하는 아이에게 안전은 세상 그 무엇과도 바꿀 수 없는 쾌락이다.

그렇기 때문에 2단계 안전 욕구기 아이를 움직이는 가장 효과적인 보상은 부모님이 아이의 행동에 대해 느끼는 기쁨을 아이가 알 수 있도록 보여주는 것이다. 이건 아무리 하기 싫고 힘들어도 꾹 참고 최선을 다할 수 있게 만드는 힘이 된다. 순수한 아이들의 쾌락 회로는 자신에게 오는 칭찬보다 상대방의 기쁨을 더 큰 보상으로 느낀다.

학년별로 달라지는 동기부여 방식

2단계 욕구는 아이가 어린이집이나 유치원에 들어가 사회적 관계를 맺고, 사회성과 이성적 판단력이 생기기 시작하면서 차츰 옅어지기 시작한다. 3단계 욕구기는 보통 열 살 무렵부터 시작되는데, 이때부터 아이는 사회적으로 소속된 집단으로부터 인정받고자 하는 욕구를 갖게 된다. 세상이 안전한 곳이라고 판단한 아이는 안전에 대한 욕구에는 다소 시큰둥해진다. 때문에 마치 다른 아이가 된 것처럼 부모님을 멀리하려고 든다.

이제 아이가 무엇보다 갈구하는 것은 사회 구성원으로서 타인에게 인정받는 것이다. 바로 어른 대접을 받고 싶은 거다. 따라서 이 시기 아이에게 동기부여를 하고자 한다면 이 욕구를 잘 활용해야 한다.

우선 아이를 판단력을 갖춘 주체로서 존중하는 태도를 보여주어야 한다. 하지만 이건 꽤 어려운 일이다. 왜냐하면 아이는 아직 제대로 된 판단력을 갖춘 주체가 아니기 때문이다. 유치하고 책임감 없이 행동하는 아이를 하나의 인격체로서 존중해주는 것은 참 속 터지는 일이 아닐 수 없다. 그래서 부모님이 연기를 잘해야 한다. 아이의 결점을 모르는 척하면서, 그럼에도 불구하고 존중해주는 태도를 보여주는 것은 그 자체로 아이에게 큰 동기부여가 된다. 원인과 결과를 뒤집어서 생각해보면 된다. 아이가 존중

받을 행동을 해서 존중하는 게 아니라, 존중하는 태도를 보여줌으로써 '아, 나는 존중받는 사람이니 그에 걸맞게 행동해야겠구나'라고 느끼게 만드는 것이다.

이 시기에는 작은 목표를 세우고 이를 실제로 달성해보는 성취감으로 동기부여를 할 필요가 있다. 저학년까지는 '~하면 ~를 보상으로 줄게'라는 다소 수동적이며 물질적인 동기부여를 한다. 저학년 아이는 아직 주체적이지 않고, 양육자의 판단에 의지하는 '복종기'를 보내고 있기 때문에 이런 동기부여가 효과를 발휘한다. 하지만 고학년부터는 '~를 하는 게 더 멋진 일이니까 해보자'라고 제안하고, 그것을 이루었을 때의 보상으로 아이 스스로 무언가를 할 수 있는 자율권과 선택권을 넓혀주는 것이 효과적이다. 아이의 선택을 존중해주고, 그 선택이 좋은 결과로 연결될 때의 성취감을 느끼게 하는 것이 고학년 동기부여의 핵심이다.

물론 그렇다고 물질적 보상을 통한 동기부여를 전혀 안 할 수는 없다. 아이들은 주체적인 민주 시민이기 이전에 자본주의 시대를 살아가고 있지 않은가. 더구나 이런 보상은 성인에게도 유용한 방법이다. 그러니 고학년이 되었다고 해서 무 자르듯 댕강 끊어내기보다 아이의 발달 단계에 맞춰 차츰 줄여나가는 것이 좋다. 물질적인 보상에 길들여진다면, 스스로 동기부여를 하지 못하는 수동적인 어른으로 성장할 수 있으니 말이다.

아이의 잠재력을 이끌어내는 부모님의 태도

우리는 가끔 아이들을 키우기 쉬운 아이, 키우기 어려운 아이로 구분하기도 한다. 성격이 순둥순둥해서 잘 웃는 아이, 새로운 환경에도 별로 두려움이 없고 배려하는 마음이 큰 아이, 부모님 말을 신뢰하고 잘 따르는 순종적인 아이를 키우기 쉬운 아이라고 부른다. 반면 예민한 아이, 겁이 많아서 경계심이 강한 아이, 고집이 센 아이, 질투가 많은 아이를 키우기 어려운 아이라고 한다.

그런데 아이의 입장은 어떨까? 아이로서도 대하기 쉬운 부모가 있고, 반대로 어려운 부모가 있다. 부모의 기대가 100일 때 1을 겨우 하는 아이는 99만큼 부족한 아이다. 반면 부모의 기대가 0일 때 1을 하는 아이는 1만큼 뛰어난 아이가 된다. 아이는 이 둘 중 어떤 부모를 원할까?

아동심리학자 브루노 베텔하임에 의하면 아이는 어른처럼 타인의 감정을 내 감정에 빗대어 이해하는 것이 아니라, 타인의 감정을 있는 그대로 전달받는다고 한다. 이로 인해 아이는 부모님의 기쁨 또는 실망 같은 기분을 자신의 감정으로 느낀다.

실례로 심한 분리불안이 있는 경우, 아이가 느끼는 분리불안은 스스로 만들어낸 감정이 아니라 부모님의 감정이 전달된 것이라고 한다. 아이들은 부모님이 안전하다고 하면 그런가 보다 하지, 그곳이 안전한지 아닌지를 객관적으로 판단할 능력이 없다. 그곳이 안전한지 아닌지는 부모님의 말이 아닌 마음을 그대로 받아들여 판단한다. 그래서 아이에게 부모님의 감정을 속이는 것은 쉽지 않은 일이다.

따라서 아이들이 진정으로 희망하는 부모님은 내가 이뤄낸 단한 걸음의 발전에도 놀라워할 준비가 되어 있는 부모님이다. 이런 아이에게 지금까지 나는 어떤 부모였는지 돌이켜보자.

시험에서 좋은 성적을 받지 못했다고 혹시 실망하진 않았는가? 우리 아이를 다른 집 아이와 비교하지는 않았는가? 타인에게 아이의 단점과 흑역사를 놀리듯 말하진 않았는가? 해바라기처럼 부모님의 애정을 확인하고자 하는 아이에게는 별뜻 없이 한 작은 행동도 상처가 될 수 있다. 마찬가지로 부모님의 존중하는 태도와 긍정적인 피드백은 아이의 잠재력을 끌어내는 좋은 동기부여가 된다. 아이를 진정으로 성장시키는 건 아이의 욕구와 결을 같이하는 쉬운 부모이지, 아이의 욕구를 역행하는 어려운 부모가 결코 아니다. 이는 독서 교육뿐만 아니라 아이의 모든 성취를 이끌어내는 데 있어서 명심해야 할 부분이다.

PART 2

책과 친한 아이로 키우는
3단계 교육법

1장

1단계

예비 독서가의 기초 역량 기르기

12세 이후
'공부 포텐'을 터트리려면

갓 태어난 아기가 네발로 기고 첫 발걸음을 떼며 한 단계 한 단계 성장하는 모습을 보며 기쁜 마음으로 응원하던 부모님들은 어느 순간부터 이때의 마음을 잊게 된다. 아이의 발달을 이해하기 위해 열심히 공부하던 모습은 온데간데없이 사라지고, 성장 과정을 단지 교육을 통해 극복해야 할 과제로 여긴다.

특히 기본적인 운동 능력이 완성되고, 의사소통이 원활해지는 4세 이후가 되면 본격적으로 '학습'을 시작해야 할 것 같은 조급함이 커진다. 뒤처지지 않기 위해서는 부모님이 아이의 성장에 적극적으로 개입해야 한다는 마음에 사로잡히게 되는 것이다.

하지만 생각해보자. 잠자리 애벌레인 수채는 물속에서 살아가지만 장차 하늘을 날아야 한다. 그렇다면 미래에 더 잘 날 수 있는 잠자리로 성장하기 위해 수채는 나는 법을 배워야 할까? 아니면 더 잘 헤엄치는 법을 배워야 할까? "넌 앞으로 하늘을 잘 나는 잠자리가 되어야 하니까 쓸데없는 헤엄 따위는 관두고 오늘부터 날기 학원에 다녀보자"라고 말하는 웃지 못할 일이 인간 세상에서는 비일비재하게 일어난다. 더욱이 내가 오랜 시간 몸담고 있는 대치동 사교육 시장에서는 더욱더 빈번하다.

잠자리 수채에게는 유충으로서 완성된 능력과 삶이 있다. 그걸 존중해줬을 때 더 건강하고 튼튼하게 자라나 장차 하늘을 자유롭게 날아다니는 잠자리가 될 수 있다. 아이들도 마찬가지다. 아이는 아직 어른이 되지 못한 미흡한 삶을 살고 있는 게 아니다. 아이로서 완성된 삶과 거기에 필요한 능력을 이미 가졌다. 아이는 다음 발달 단계에 돌입하기 위해 현재의 자신을 누구보다 단단하게 완성해가고 있다. 이런 자연의 성장 과정을 이해하고, 이를 고려한 교육을 했을 때 누구보다 뛰어난 사람으로 성장할 수 있는 것이다.

이런 과정을 이해하지 못하고 단지 어른이 가진 능력을 흉내내는 선행을 시킨다면 자칫 성장의 중요한 요소를 소거해버리거나 발달 과정을 역행하게 될 수 있음을 명심해야 한다. 아이를 내가 원하는 대로 만들 수 있다는 교만에서 출발한 교육이야말로 성장을 방해하는 최악의 교육이다. 그러니 아이를 내 뜻대로 할 수 있다는 마음을 내려놓고, 아이가 거치게 되는 발달의 과정을 이해하기 위해 노력해야 한다.

내 아이의 발달 속도에 맞게 교육하고 있는가?

내 아이가 건강한 신체와 긍정적인 정서를 갖고 똑똑하게 자라길 바라는 마음은 모든 부모님들의 한결같은 바람일 것이다. 이 셋 중 건강한 신체와 긍정적인 정서는 그럭저럭 갖춘 것 같은데 사고력 부분은 영 자신이 없다. 더욱이 사고력은 눈에 보이지도 않는다. 기거나 걷기 시작할 때처럼 딱 정해진 기준이 있으면 좋겠는데, 아이마다 천차만별인 것을 보면 딱히 기준이 있어 보이진 않는다. 아니, 학교 교육을 보면 그런 기준이 있는 것 같기도 한데 그건 또 너무 시시하다. 5~6세 때 이미 다 뗀 한글과 숫자를 초등학교 1학년이 돼서야 가르친다니 그런 속도는 영 미덥지가 않다. 괜히 방심했다가 우리 아이만 뒤처질 게 자명한 일이다.

이렇게 아이의 사고력을 발달시키는 문제는 부모를 혼란스럽고 불안하게 만든다. 그런 마음을 잘 나타낸 말이 '애바애'가 아닐까. 이 말은 적절한 학습 진도와 학습 방법은 아이마다 다 다르다는 의미로 쓰인다. 일견 일리 있는 말이지만, 명백하게 틀린 말이기도 하다. 아이들마다의 개별성은 분명 존재한다. 하지만 인간이라는 종이 가진 성장 특징은 개별성보다 훨씬 강력하다. 단지 우리가 눈으로 확인할 수 없기 때문에 쉽게 간과하는 것뿐이다. 그리고 사고력은 수채와 잠자리가 다른 것만큼이나, 아이와 어른에게서 확연히 다르게 나타난다. 그렇기 때문에 어른의 관점으로 아이의 사고력 발달을 이해하거나 좋다, 나쁘다로 판단해서는 안 된다.

기본적으로 인간의 정서적 능력과 사고력은 12세를 기준으로 나누어 생각해볼 수 있다. 물론 이 변화가 단시간에 드라마틱하게 이루어지는 건 아니고 10세쯤 되면 서서히 시작되어서 12세쯤 되면 어느 정도 마무리되는 식이다. 따라서 아이들을 가르칠 때는 과도기라고 할 수 있는 10~12세를 가운데 두고, 그 전과 후 이렇게 세 시기로 나누어 접근법을 달리해야 한다.

이중 첫 번째 시기인 0~9세의 사고력 발달은 신체활동을 통해 이루어진다. 몸이나 오감으로 신체 각 기관을 활발하게 사용하면 할수록 뇌가 발달한다. 몸을 움직이는데 근육이 아닌 뇌가 발달한다는 것이 언뜻 이해하기 어려울 수 있다. 하지만 자연의 성장은 아이들을 뛰고 움직이고 매달리게 만든다. 이런 이유로 우리 집 아이는 잠시도 가만있지를 못하고 부산스럽게 움직이는 것이다. 움직이고자 하는 본능을 이미 오래전에 상실한 부모로서는 하루 종일 아이를 쫓아다니는 일이 고된 노동으로 다가온다.

그러나 나이를 한 살 한 살 먹으면서 아이의 열정적인 움직임은 점점 줄어들게 된다. 그 결과 횡단보도의 불이 깜빡거리기 시작하는데도 뛰지 않는, 느긋한 지금의 내가 된 것이다. 첫 번째 사고력 발달 시기의 대표적인 특징은 자기중심적이고, 흑백논리에 사로잡혀 있으며, 객관적이거나 추상적인 사고를 하지 못한다는 것이다. 또한 전혀 객관성이 담보되지 않은 상상을 하는데 이를 '확산적 사고'라고 부른다.

두 번째 사고력 발달 시기는 10~12세 무렵으로, 이때부터 이전의 특징들이 하나둘씩 탈락하고 꼬물꼬물 새로운 능력들이 발현된다. 객관적이고 논리적인 사고가 발달하고 타인의 관점에서 생각할 수 있게 된다. 상상력의 모습도 변해서 객관성에 근거한 상상력을 갖추게 된다. 이 능력을 '추리력'이라고 부른다. 하지만 아이에게 새로 등장한 모든 능력은 아직 미숙하기만 하다. 이 시기는 말 그대로 과도기이다.

2~3년에 걸쳐 새롭게 생긴 능력들이 자리 잡고 능숙해지면 세 번째 사고력 발달기를 맞이하게 된다. 이제부터 아이는 성인과 흡사하게 사고할 수 있다. 책이나 강의 내용을 이해하고, 수학 문

연령	특징
0~9세	자기중심적, 주관적 사고, 흑백논리, 확산적 사고
10~12세	과도기 양상
12세 이후	객관적 사고, 논리적 사고, 추상적 사고

사고력 발달 시기와 특징

제를 푸는 등 우리가 일반적으로 알고 있는 공부를 통해서 사고력이 발달한다. 이런 두뇌 발달은 지극히 추상적인 사고를 통해 이루어지는데, 인간의 추상적 사고는 12세 이후부터 시작된다. 그리고 이전 시기와는 양적, 질적인 측면에서 확연히 차이가 나는 메가mega 발달을 하게 된다. 이런 변화를 고려해 각 시기에 따라 교육 방법을 달리 해야 한다.

각 시기에 선행해서는 안 되는 것

초등학교 저학년 때까지는 최선을 다해 몸을 움직이는 것이 똑똑한 아이가 되는 비결이다. 그리고 강의나 설명 같은 추상적인 방법으로 이해시키기보다 다양한 경험을 통해 학습하게 해야 한다. 열 살도 안 된 아이에게 하루 종일 책상에 앉아서 문제를 풀고, 단어를 외우게 하는 고학년의 교육법을 미리 적용하는 건 정말이지 어리석은 일이다. 정 그런 방식의 학습을 포기할 수 없다면 적어도 뛸 시간은 확보해주어야 한다. 단지 건강을 위해서가 아니라 중·고등학교에서 공부할 사고력을 확보하기 위해서라도 말이다.

훌륭한 선생님의 좋은 강의를 듣거나, 독서를 통해 지식을 얻고, 이를 사색하는 방식의 교육은 초등 고학년 이상에게 적합한 교육이다. 그러니 만약 저학년인데도 엄청난 선행 속도를 보여주는 유니콘 아이에 대한 소문을 듣게 되더라도 현혹되어서는 안 된다. 고구려 시대 유니콘 아이였던 주몽은 태어난 지 3일 만에 저벅저벅 걸어 다니고 활도 쐈지만, 그래서 3일 된 아이에게 활쏘기를 가르친 부모는 역사 이래 단 한 명도 없었다. 유니콘 아이 얘기를 듣더라도 그냥 쿨하게 '그 집 아이는 건국을 하려나 보다'라고 생각하는 걸 권장한다.

아이의 자연적인 성장을 이해하고자 하는 건 어디까지나 그걸 이해함으로써 각 시기에 강화해야 할 것과 선행해서는 안 되는 것을 구분하기 위해서다. 특히 문해력 발달에 있어서 자연의 성장 메커니즘을 소거하거나 역행하는 교육을 했을 때 아이에게 미치는 폐해는 치명적이다.

진화 심리학자들은 언어 능력의 일환인 문해력이 수학이나 영어(외국어)와 같은 과목과 달리, 따로 배우지 않아도 본능적으로 학습되고 성장하는 능력이라고 말한다. 쉽게 말하자면 뒤집기, 걷기 같은 신체 발달과 같은 맥락의 성장 능력이라는 뜻이다. 그렇다고 해서 걷기를 터득할 때처럼 자연적인 성장에 모든 걸 맡기는 소극적인 교육을 할 필요는 없다. 물론 잘못할 거면 안 하는 게 낫겠지만 말이다. 나는 부모님들에게 이런 조언을 하고 싶다. 아이가 어떤 미래를 가지게 될지를 꿈꾸고 준비하기 전에, 내 아이를 바르게 이해하고자 하는 노력이 선행되어야 한다. 단지 아이의 취향과 개성을 이해하는 걸 떠나, 각각의 나이에 인간이 어떻게 느끼고 성장하는지에 대한 유기적 이해를 말이다.

모든 자연물은 각 발달 단계에서 그래야만 하는 이유가 반드시 존재한다. 지피지기면 백전백승이라 하지 않던가. 내 아이를 제대로 알았을 때 부모가 무엇을 해야 할지가 뚜렷이 보일 것이다. 아이의 발달에 대해 이해하고, 각각의 발달을 더 탄탄하게 수행하고 다음 단계로 넘어간다면, 그렇게 만들어진 기본기를 바탕으로 학습의 양극화가 시작되는 12세 이후부터 소위 제대로 공부 포텐을 터트리는 아이가 될 수 있다.

모국어의 구조가
생각의 구조가 된다

많은 부모님들이 쉽게 하는 착각 중 하나가 국어가 모국어이기 때문에 저절로 익혀진다는 생각이다. 물론 이 생각 자체가 틀린 건 아니다. 틀린 건 그로 인해 외국어 교육에는 시간과 정성을 한없이 쏟아붓는 반면, 국어 교육은 한글을 가르치는 것 이외에 딱히 뭘 해야 할지 고민하지 않는다는 것이다.

여기에 더 열성적인 부모님들은 언어 능력이 폭발적으로 성장하는 유아기 찬스를 놓치지 않기 위해 이 시기부터 한글 동화보다는 영어 동화를 읽히고 영어 영상을 반복해서 보여주며 영어 노출 시간을 늘린다. 모국어는 누구나 할 수 있는 쉬운 언어라고 여기며 국어 교육은 우선순위에서 배제한다.

이런 태도가 100퍼센트 틀렸다고만 말할 순 없다. 하지만 간과하지 말아야 할 부분이 있다. 세상 모든 자원이 유한한 것처럼 아이들이 학습에 투자할 시간과 역량 역시 한도가 분명하다. 한 가지를 선택했을 때 선택받지 못한 다른 기회비용은 포기해야 한다. 그렇기 때문에 부모님들은 항상 아이들의 한정된 학습 자원을 어디에 투자할지에 대해 고민한다. 모국어 능력이 자라나는 결정적 시기에 외국어를 선행 학습한 아이가 다른 또래 아이들과 동일한 모국어 능력을 발휘할 수 있을까?

더구나 모국어인 국어 능력은 여타의 과목과는 달리 사고력의 바탕이 되는 기초 능력이다. 단지 한글을 배우고 한국말로 일상적인 의사소통을 원활히 할 수 있다고 해서 국어 능력이 완성되는 건 아니다. 더 어려운 텍스트를 읽어내고 더 높은 수준의 개념을 이해하고 활용하는 사람들이 있지 않은가. 이런 지적 능력을 개발하는 데 있어 유아기 모국어 교육과 노출량은 아이의 출발선을 결정하는 핵심 요소가 된다.

모국어 잘하는 아이가 결국 외국어도 잘한다

기본적으로 언어는 의사소통의 도구다. 사람들은 보통 다양한 언어를 습득하면 그 언어를 구사하는 사람과 의사소통이 원활해질 거라고 생각한다. 영어를 잘하면 영어권 사람들과 자유롭게 소통이 되고, 일본어를 잘하면 일본 사람들과 자유롭게 소통이 가능할 것만 같다. 하지만 말이나 글로 소통하기 위해서는 반드시 생각이라는 사고 활동이 전제되어야 한다. 말 그대로 '의사소통'이 이루어지려면 '의사(생각)'와 '소통'이 있어야 한다는 뜻이다. 의사 없이는 소통도 존재할 수 없다. 그리고 이 '의사(생각)'라는 행위 또한 언어를 통해서 이루어진다.

심리학자 레프 비고츠키는 《사고와 언어》라는 저서를 통해 "사고란 말에서 소리를 제한한 것"이라고 말하며, 사고(생각)와 언어(말)를 동일시하는 관점을 제안한다. 즉, 영유아기 아동의 언어 발달과 사고력 발달이 동시에 일어난다는 뜻이다.

우리는 경험을 통해 아이의 언어 습득 능력이 폭발적으로 발달하는 시기가 있다는 사실을 알고 있다. 이 시기에 표면적으로는 언어 능력이 향상하는 것만 보이지만 그 이면에는 같은 양의 사고력이 발달하는 중이다. 마치 데칼코마니처럼 말이다. 비록 언어 발달로 인해 지능이 발달하는 것인지, 지능 발달로 인해 언어가 발달하는 것인지 그 선후 관계는 알 수 없지만, 아이들이 사고의 도구로서 언어 능력을 발달시키고 있는 것만은 분명하다.

이때 습득하는 사고의 도구가 되는 언어를 우리는 모국어라고 부른다. 일반적으로 아이는 양육 환경에서 자연스럽게 접하는 첫 번째 언어를 모국어로 습득하게 된다. 그리고 한번 정해지면 쉽게 다른 언어로 바뀌지도 않는다. 또한 모국어의 구조는 사고의 구조에도 영향을 미친다. 그 구조 역시 한번 정해지면 쉽게 바뀌지 않는다.

상식적으로 생각해보자. 100가지 색깔의 크레파스로 그림을 그리는 사람과, 5가지 색깔의 크레파스로 그림을 그리는 사람이 있다. 누가 더 풍부한 표현을 해낼 수 있겠는가. 아이들이 비록 유창하게 표현하지 못한다고 해도 그렇다고 생각이 없는 건 아니다. 1,000개의 단어(개념)를 활용해서 생각하는 아이와 10개의 단어(개념)로 생각하는 아이의 사고력은 출발부터 다를 수밖에 없다. 마치 게임을 할 때도 아이템이 많은 사람이 레벨을 올리는 데 더 유리한 것처럼 말이다.

언어력이 폭발적으로 증가하는 유아기(3~6세)는 원활한 사고의 발전을 위해 크레파스를 수집하는 재능이 열리는 시기다. 이때 모국어 기반을 탄탄하게 다져주기 위해 아이에게 최선을 다해 책을 읽어주고 많은 대화를 해주며 모국어 노출 빈도를 높여야 아이의 사고력은 건강하게 성장할 수 있다. 이후 단단해진 사고력을 활용해서 아이는 여러 가지 공부를 하게 된다. 외국어를 습득할 수도 있고, 수학이나 과학 공부를 할 수도 있다. 이것이 오래전부터 최상위권 학부모들이 국어를 잘하는 아이가 결국 영어도 잘하게 된다고 말하는 이유다.

일찍 발달한 암기력이 독이 되는 이유

암기력이 뛰어난 사람은 그렇지 않은 사람에 비해, 머릿속에 많은 재료를 확보한 상태에서 생각하기 때문에 사고에 유리한 측면이 있다. 아동기의 외국어 공부는 암기력 훈련에 도움이 되기도 하는데, 이때 개발된 암기력은 물론 높은 학업 성취도를 만드는 일에도 당연히 영향을 끼친다.

그런데 한 가지 주의를 요하는 점이 있다. 너무 일찍 개발된 암기력이 사고력 발달을 오히려 방해할 수도 있다는 점이다. 사고력 발달을 위해서는 개념을 이해하기 위한 노력이 필요한데, 암기가 익숙한 아이들은 개념에 대해 이해하려 하기보다, 개념에 대한 설명을 암기하고선 그 개념을 이해했다고 착각하는 일이 많다. 이해와 암기는 엄연히 다르다. 사고력은 지능의 일종이나 암기력은 지능이 아닌 독립적인 능력이다. 단순히 암기된 내용은 응용이 어려울 뿐만 아니라 잠시 머물렀다 사라져 버리는 기억에 불과하다.

초등학교 1학년 아이들 수업을 하다가 "오리는 어떻게 물에 뜨는 걸까?"라고 질문한 적이 있다. 그때 재원이는 "선생님은 어른인데 그것도 몰라요? 그건 부력 때문이잖아요"라고 한껏 잘난 척하면서 대답했다. 그래서 부력을 모르는 척하고 "정말? 진짜 신기하다. 부력이 뭐야? 나도 갖고 싶어"라고 답했다. 이후로 아이들은 여러 아이디어를 신나게 말했는데, 아이들의 결론은 부력은 오리의 엉덩이에 들어 있는 튜브 같은 것이고, 그래서 오리 엉덩이가 크다는 것이었다.

재원이는 단지 '부력'이라는 단어를 이름처럼 기억하고 있었던 것이지, 그 의미까지 제대로 이해하진 못했다. 하지만 아이는 부력을 알고 있다고 착각하고 있었다. 암기력이 좋아서 잘 기억하는 것과 사고력이 좋아서 그 의미를 잘 이해하는 것은 분명히 구별되어야 한다. 암기력이 먼저 발달하게 되면 아이는 곰곰이 생각해볼 기회를 잃을 수 있다. 그 결과 사고의 호흡이 짧아진다. 사고력보다 한참 앞서 불균형하게 발달한 암기력이 오히려 사고력 발달에 독이 되는 것이다.

이런 부분은 학습하는 내용이 비교적 쉬운 초등학교에서는 잘 드러나지 않다가, 중·고등학교에서 고차원적인 이해를 요구하는 학습을 할 때 큰 구멍으로 드러난다. 이때는 문제를 알게 돼도

돌이킬 수 없다. 사고력을 차근차근 성장시켜온 아이들은 뭐든 쉽게 척척 이해하고 응용할 수 있기 때문에 효율적으로 공부할 수 있다. 반면 암기력에 의존해 빈약한 사고력으로 공부하는 아이는 아무리 노력해도 사고력을 제대로 갖춘 아이들을 이길 수 없다.

자, 이제 생각해보자. 모국어와 외국어 중 어느 교육에 중점을 둘 것인가? 암기력, 사고력 중에 먼저 길러줘야 할 능력은 무엇일까? 내 아이가 지금 이떤 수준이고, 무엇부터 해야 할지는 부모인 나만이 알 수 있다.

한글은 언제 가르치는 게 좋을까?

아이들이 글자를 배울 때 필요한 시각과 언어, 청각 기능의 복합적인 사용은 5세 무렵부터 발달하기 시작한다. 이때부터 신경 기능을 보호하는 미엘린myelin이라는 막이 생기는데, 아직 미엘린이 생기지 않은 유아기 뇌를 인위적으로 사용해 버릇하면 과부하가 온 것처럼 뇌세포가 타버릴 수 있다. 이 손상은 회복되지 않기 때문에 특히 주의할 필요가 있다. 그래서 많은 뇌과학자들이 아이들에게 너무 일찍 글자를 가르치고 지식 교육을 시키는 것은 바람직하지 않다고 경고한다.

그럼 아이에게 글자를 가르치는 적절한 시기는 언제일까? 따로 한글을 가르치지 않아도 아이는 약 7세를 전후해서 한글에 대한 호기심을 보이게 된다. 어느 날 갑자기 자기 이름이나 '엄마, 아빠, 사랑해요'와 같이 평소 좋아하던 단어를 읽어보려고 하고, 어떻게 쓰는지 궁금해한다. 길을 지나가다가 보이는 간판에서 아는 낱글자가 나오면 콕 집어 읽고 뿌듯해한다. 이 시기 아이들은 온 세상을 참고서 삼아 한글을 배우려고 한다. 이때가 한글을 가르치는 데 있어 가장 좋은 타이밍이다.

물론 훨씬 더 어린아이도 밀어붙이면 한글은 금세 배울 수 있다. 그런데 그건 아이가 똑똑해서가 아니라, 천재적인 세종대왕이 한글을 누구나 쉽게 배울 수 있는 문자로 만들었기 때문이다. 그러니 아이가 조금 일찍 글자를 배운다고 해서 그걸 문해력이나, 사고력이라고 착각해서는 안 된다. 단순히 글자를 읽고 쓸 줄 아는 능력과, 어려운 텍스트를 읽고 뛰어난 글쓰기 실력을 갖추는 건 전혀 다른 차원의 일이다.

그러니 한글 읽고 쓰기는 7세 무렵에 배워도 충분하다. 조금 늦게 배웠다고 해도 훗날 전교 1등을 하거나 서울대 의대에 들어가는 데 전혀 영향을 미치지 않을 테니, 남들보다 빨리 선행해야 아이가 앞서갈 거라는 생각은 자제하는 게 좋다.

통글자 학습 vs. 자모 결합 방식, 뭐가 맞을까?

한글 학습은 몇 살에 시작하든 본격적인 학습을 시작하고 석 달 정도 지나면 대부분 기본을 익힐 수 있다. 물론 노련한 수준은 아니다. 더듬더듬 혼자 글자를 읽을 수 있고, 철자가 완벽하지는 않아도 어느 정도 소리 나는 대로 쓸 수 있는 정도는 된다.

한글을 익힐 때 한 가지 주의할 점은 통글자로 가르치지 말고 꼭 자음과 모음을 구분해서 익히게 하고, 이를 조합하는 파닉스 방식으로 가르쳐야 한다는 것이다. 통글자로 배우면 파닉스 방식으로 배울 때보다 훨씬 더 수월하고 빠르게 익힐 수 있다. 하지만 이렇게 한글을 배우면 아이는 낱글자의 결합 원리를 정확히 이해하지 못한다.

이 두 학습 방법은 당장 큰 차이가 없어 보여도, 훗날 아이가 중·고등학생이 되었을 때 문법에 대한 이해도에 영향을 끼친다. 특히 품사의 경우 중학교 국어 시험에서 아이들이 가장 어려워하는 부분인데, 단어에 대한 개념이 통글자로 형성된 아이들은 품사 개념을 전혀 이해하지 못한다. 이처럼 통글자로 한글을 익히는 아이의 경우 국어 문법을 전반적으로 어려워한다.

시간을 거슬러 올라가 지금으로부터 약 20년 전에는, 4세부터 통글자로 한글을 익히는 교육 상품이 공전의 히트를 한 적이 있다. 이제 막 애착 동화를 통해 줄거리를 이해하는 법을 터득하고 있는 아이에게, 그것도 통글자 학습 방식으로 한글을 선행하는 건 참 쓸데없는 노력임에도 부모님들은 열광했고, 한글 선행이 대유행이 되었다.

추측하건대, 아마 이 유행은 두 가지 원인에서 비롯되었을 것 같다. 하나는 아이에게 하루라도 빨리 글자를 가르쳐서 책을 읽어주는 고된 노동에서 해방되고자 하는 열망이고, 또 다른 하나는 어린 나이부터 한글을 읽고 쓸 줄 알면 아이가 더 똑똑해질 거라는 막연한 믿음이다. 더구나 아이들도 거부감 없이 잘 따라와서 진도를 척척 빼니 안 할 이유가 없었을 것이다.

사교육의 유행에 휘둘리지 마라

한글 선행이 보여준 당장의 성과는 놀라웠다. 아직 기저귀도 못 뗀 3세 아이도 한글을 배운다는 말이 들려왔을 정도였으니 말이다. 한글을 일찍 배운 6~7세 아이들이 그림일기도 아닌 무려 글줄로 일기를 척척 써내려가는 일도 흔하게 볼 수 있었다.

하지만 이런 아이들도 학교에 입학하면 다른 아이들과 똑같이 'ㄱ, ㄴ, ㄷ'부터 배워야만 한다. 아이가 초등학교 3학년의 한글 실력을 갖추고 있다고 해서 초등 1학년을 건너뛰고 바로 3학년으로 입학하지 않는다. 만약 누가 한글을 30년 넘게 써온 나에게 'ㄱ, ㄴ, ㄷ'을 가르치려 든다면 어떨 것 같은가. 다 아는 쉬운 진도라 자신감 넘치고 무척 흥미로울까? 조금만 생각해봐도 조기 선행을 한 아이들이 학교 수업을 얼마나 지루해할지, 그 시간이 얼마나 끔찍한 기다림일지 짐작할 수 있다.

이런 아이들은 이미 다 아는 걸 열정적으로 가르치는 선생님과 열심히 배우는 반 친구들을 보면서 자신이 취할 바람직한 태도를 터득하게 된다. 그건 바로 수업을 방해하지 않고 멍을 때리는 거다. 이런 태도는 습관이 되어 중·고등학교에 가서도 아이의 모든 수업에 영향을 끼치게 된다.

20년 넘게 사교육에 몸담으며 지금까지 이런 잘못된 유행을 여러 차례 목격했다. 한글 조기 선행 유행이 한바탕 지나가고 난 이후에는 초등학생에게 더 많이, 그리고 더 빨리 책을 읽힐 수 있는 특별한 방법을 알려주는 속독 교육이 대유행했었다. 속독 학원이 내세운 교육 방법은 특별히 개발된 안구 운동을 시키는 것이었다. 그들이 고안한 방식으로 책을 띄엄띄엄 읽어내면 단시간에 많은 양의 책을 읽을 수 있다는 발상이다.

하지만 그렇게 책을 띄엄띄엄 읽을 거면 차라리 10줄짜리 줄거리 요약을 읽지 무엇 하러 책을 읽겠는가. 이성적으로 생각해볼 때 말도 안 되는 교육이었지만 이 역시 대유행을 했다. 그리고 요즘은 아이의 읽기 능력을 향상하기 위해 문제집을 풀리는 놀라운 교육이 유행 중이다. 문제집을 열심히 풀면 문해력이 높아진다는 주장의 근거가 무엇인지는 알 수 없다. 하지만 이 역시 정점을 향해 무섭게 질주 중이다. 이번 유행이 끝나면 다음은 또 어떤 유행이 시작될까?

돌이켜보면 유독 문해력 교육 분야에서 이런 반짝 유행이 빈번하다. 그만큼 높은 문해력은 모두가 탐내는 능력이지만, 쉽게 얻기 힘들어서가 아닐까. 유행이 빠르게 변하는 대치동에서 긴 세월을 보냈다. 이런 유행들은 결국 오래가지 못하고 끝나게 될 걸 알고 있지만, 그래도 참 서글픈 우리의 교육 현실이라는 생각이 든다.

엄마 아빠 목소리로
책 읽어주는 시간의 힘

아이들은 모두 책을 좋아한다. 엄밀히 말하면 책을 좋아한다기보다, 부모님이 책을 읽어주는 상황을 좋아하는 것이다. 보통 부모님들은 서로의 체온이 느껴질 만큼 가까운 거리에서 아이와 교감하며 책을 읽어준다. 이 순간은 아이에게 세상 무엇과도 바꿀 수 없는 포근함과 행복감을 선사한다. 심지어 대부분 아이는 5세 무렵까지 책의 줄거리를 인지할 수 있는 능력이 아직 없다. 그만큼의 두뇌 발달이 이루어지지 않아서 책 내용을 대부분 이해하지 못한다. 이 시기 아이들은 오직 책을 읽어주는 순간 느껴지는 부모님의 사랑과 따뜻한 분위기를 즐긴다.

이 말에 "우리 집 아이는 좀 산만하긴 해도 책을 읽어주면 분명 가만히 내용을 듣고 있는데요?" 하고 반문할 수도 있다. 그렇게 집중해서 듣고 있는 아이가 내용을 전혀 모른다니 이건 좀 납득하기 힘든 사실일 테니 말이다. 하지만 반대로 생각해보자. 아이 입장에서는 그만큼 부모님이 책 읽어주는 시간이 좋기 때문에 못 알아듣는 얘기를 계속하는데도 방해하지 않는 것이다. 잠시도 가만있지 못하는 아이를 한자리에 앉혀둘 만큼 동화책 읽어주는 시간이 아이의 안정된 정서 형성에 끼치는 위력은 크다. 그래서 아이는 귀찮을 정도로 책을 가져와서 읽어달라고 한다.

물론 이때 집중해서 듣지 않고 딴짓하는 경우도 많다. 내용과 무관한 책 귀퉁이의 나비 그림을 가리키며 나비 눈이 작다고 까르르 웃고, 갑자기 두세 장 뒤의 내용을 읽어달라고 한다. 귀찮고 목이 아픈데도 열심히 텍스트를 읽어주는 부모님 입장에서는 아이의 이런 행동이 얄밉게 느껴질 수 있다. 한편으로는 우리 집 아이가 집중력이 떨어져서 그런 건 아닐까 걱정도 된다. 그런데 아이의 이런 행동은 아주 당연한 것이다. 이건 오히려 독서 활동에 대한 능동적인 개입으로 봐야 한다. 그러므로 5세 미만의 영유아기 아이들에게 책을 읽어줄 때는 정서와 심리를 이해하며 아이 입장에서 읽어주는 것이 중요하다.

영유아기에만 얻을 수 있는 독서 경쟁력

그렇다면 영유아기 아이들은 책을 어떻게 읽고 있는 걸까? 줄거리를 인지하기 이전 시기, 아이에게 책이란 그저 단편적인 장면과 장면의 나열에 불과하다. 앞에 나오는 장면과 뒤에 오는 장면을 연결하기 위해서는 인과관계를 파악하는 능력이 필요한데, 이 시기의 아이는 기억력도 단편적이고, 인과를 연결할 수 있을 만큼의 뇌 발달이 이루어지기 전이다. 그렇기 때문에 꽃, 동물의 이름이 줄거리 없이 나열된 책과 줄거리가 있는 책을 아이는 사실상 비슷하게 받아들인다.

이 시기 아이들은 책에서 수집한 단편적인 이미지를 자신의 머릿속으로 가져와서 떠올리는 연습을 한다. 인지심리학자 장 피아제의 이론에 의하면 이때 아이들은 수집한 정보를 토대로 기초적인 지식 구조를 형성한다고 한다. 이를 '스키마schema'라고 부르는데 책에 등장하는 사물, 인물, 배경 등의 시각적 정보를 통해 세상에 대한 가장 기초적인 지식 구조를 만드는 것이다. 비록 이 시기에는 이야기의 전개를 이해하기 어렵지만, 반복적인 책 읽기를 통해 축적된 스키마는 향후 아이가 책의 내용을 이해하고 해석하는 데 중요한 토대가 된다.

그리고 또 한 가지, 이 시기 아이들은 평생 독서에 있어서 가장 소중한 자산인 '책'에 대한 정서를 만든다. 독서 정서가 잘 형성된 사람은 책을 좋아하는 성인으로 자랄 확률이 아주 높다. 독서 정서는 보통 열 살 이전의 독서 경험을 토대로 만들어지는 것이니 어린 시절 책을 읽어주는 부모님의 노력은 아이에게 큰 경쟁력이 된다.

마지막으로 이 시기에 아이에게 동화책을 많이 읽어주는 건 뇌 과학적으로도 도움이 된다. 아기가 태어나고 뇌가 발달하면서 신경세포에는 미엘린이라는 하얀 막이 생겨난다. 이 막이 생긴다는 건 해당 영역의 뇌 기능을 원활히 사용할 수 있게 된다는 의미다. 가장 먼저 반사 신경세포가 발달하고 이후에 시각과 청각이 순차적으로 발달하는데, 이때 청각적인 자극을 반복하면 발달이 촉진된다.

그렇다면 동화 구연 음원을 틀어주는 것도 괜찮을까? 이 방법은 그다지 바람직하지 않다. 아이들은 책을 통해 부모님과 정서적 교감을 한다. 이 교감은 아이의 사회성 발달에 큰 영향을 미친다. 슬픈 동화를 읽어줄 때, 혹은 주인공이 경이로운 장면을 만났을 때, 유쾌, 상쾌, 통쾌한 이야기와 같이 인상적인 장면을 읽어줄 때, 아이는 부모님의 눈을 가만히 응시하곤 한다. 부모님의 목소리에 실린 감정을 아이는 고스란히 느끼고 반응한다. 아이는 그렇게 공감하는 법을, 사람과 소통하는 법을 스며들듯 자연스럽게 배워나간다. 하지만 동화 구연 음원이나 애니메이션으로는 아이와 교감할 수 없다. 따라서 이런 미디어에 노출하는 것보다 부모님이 직접 읽어주는 것이 아이의 발달에는 훨씬 긍정적이다.

애착 인형 같은 '인생 책'의 탄생

계속해서 책을 읽어주며 정서적 유대를 쌓아가다 보면 대략 5세 전후, 아이에게는 어느 날 갑자기 '유레카의 순간'이 찾아온다. 이제까지 장면과 장면으로 분리되어 인식되던 책 내용이 연결되는 경험을 시작하는 것이다. 물론 처음부터 줄거리가 모두 매끄럽게 연결되는 건 아니다. 처음에는 아주 미묘한 부분에서 그 연결을 눈치챈다. 마치 멈춰 있던 그림책 속 주인공이 슬쩍 움직인 걸 순간 알아챈 것처럼 말이다. 그런 움직임을 알아채는 시간이 점점 길게 이어지면서 마침내 아이는 책의 줄거리를 인식하게 된다.

이런 관점에서 엄마가 《콩쥐 팥쥐》를 읽어줄 때 아이가 이 상황을 어떻게 받아들이는지 상상해보자.

내가 책을 읽어달라고 하면, 엄마는 알아듣지 못하는 이야기를 계속해서 들려준다. 엄마가 책을 읽어주면 나는 아주 기분이 좋아진다. 마치 이제 막 빨아서 2시간쯤 햇빛을 흠뻑 머금은 뽀송뽀송한 이불을 온몸에 둘둘 말고 있는 것처럼 기분 좋은 엄마 목소리가 내 온몸을 따뜻하게 휘감는다. 무슨 말을 하는지는 잘 모르겠다. 내가 아는 건 매 장면 나오는 여자애 이름이 '콩쥐'라는 것 정도다.

오늘도 엄마가 책을 읽어주었다. 그런데 늘 멈춰 있던 이야기 속 콩쥐가 울었고, 조금 후에 두꺼비가 나타났다. 한 번도 움직인 적 없는 그림들이었는데 뭔가 수상했다. 내가 본 게 진짜일까? 그래서 엄마에게 책을 또 읽어달라고 했다. 확인해보니 역시 두꺼비가 움직인 게 맞다. 아니, 움직일 뿐만 아니라 두꺼비가 콩쥐한테 말도 건다.

아이에게 새롭게 열린 지적 능력은 신기하기도 하고 재밌기도 하다. 그래서 줄거리를 이해하는 능력이 발달할 때 아이들은 유독 한 권의 책에 집착하며 그 책을 백 번이고 천 번이고 반복해서 읽어달라고 한다. 어느 집 아이나 할 것 없이 마치 미리 짜기라도 한 것처럼 같은 책을 반복해서 읽는 공통된 행동을 한다. 모든 아이는 이런 과정을 통해 책의 줄거리를 이해하는 능력을 훈련한다.

그렇게 같은 책을 백 번 이상 반복해서 듣다 보면 아이는 책의 텍스트를 통째로 외우기도 한다. 이런 아이를 보고 부모님들은 비슷한 생각을 한다. "아! 네 살밖에 안 된 우리 아이가 벌써 한글을 깨치고 있구나" 하고 말이다. 이렇게 언어력이 뛰어난 걸 보면 아이가 언어 쪽 재능을 타고났거나 영재인 건 아닌가 하는 합리적인 기대도 걸어본다. 그러나 이 시기에 아이가 보여주는 행동을 '한글 학습을 시작할 적기'로 이해해서는 안 된다. 스토리 이해 능력이 완전히 자리 잡으면 아이는 그동안 애착 인형만큼이나 좋아하며 반복해서 보던 동화책을 세상 미련 없이 쿨하게 버리고, 새로운 책들을 탐닉하기 시작한다.

그 후로도 오랫동안 아이는 한글을 배우려고 하지는 않고 계속해서 부모님에게 책을 읽어달라고 한다. 아이의 발달을 생각해 보면 이것 역시 당연한 행동이다. 이제 막 뇌의 여러 부분이 복합적으로 기능하며 이미지화와 간접 체험이 가능해졌기 때문에, 당분간 아이는 이 새로운 능력에 푹 빠져 있게 된다. 그러다 새로운 능력이 충분히 자리 잡으면 다음 단계를 향해 스스로 나아간다. 마치 가만히 누워 있던 아이가 어느 순간 뒤집기를 하고, 네발로 기는 것처럼, 아이는 쉬지 않고 다음 단계를 향해 성장한다.

이후 초등학생이 되고 책 읽기가 능숙해져도 여전히 아이는 책 내용의 20퍼센트 정도만 이해하고 이걸 토대로 나머지 내용은 재창조하는 형태로 책을 읽는다. 그러니 아이들에게 책 내용을 정확하게 이해하고, 작가가 전달하고자 하는 메시지를 100퍼센트 읽어내는 능력을 처음부터 기대해서는 절대 안 된다. 적어도 초등학교 저학년 때까지는 말이다.

읽기 독립의 날이
오긴 올까?

막 한글을 익혔을 때 아이의 문해력은 첫 번째 위기를 맞이하게 된다. 대다수 부모님은 열심히 한글을 배우는 아이를 보면서 설레는 마음을 느낀다. 그래서 그 조막만 한 손으로 한 글자 한 글자 꾹꾹 눌러 글자를 쓰고, 더듬거리며 글자를 읽는 아이에게 세상 친절한 모습을 보인다. 아이 혼자 척척 책을 읽어내는 미래는 상상만으로도 멋진 신세계다. 그날이 바로 코앞까지 도착했고, 내 앞에 펼쳐질 날이 얼마 남지 않은 것 같다.

하지만 얼마 지나지 않아 아이에게 큰 배신감을 느끼게 된다.

한글을 익힌 아이가 여전히 부모님에게 책을 읽어달라고 조를 테니 말이다. 자꾸 조르니 부모님 입장에서는 안 읽어줄 수도 없다. 그렇지만 좀 억울하다. 아무리 어리다고 해도 자기도 읽을 수 있으면서 왜 자꾸 나에게 책을 읽어달라고 매달리고 조르는 건지. '우리 집 아이는 독립심이 부족한 건 아닐까?' '글자를 아는데도 자꾸 읽어주면 아이의 언어 능력이 더디게 발달하는 건 아닐까?' 하는 불안감마저 든다. 그렇게 부모님들은 젖을 떼는 어미 강아지처럼 책을 읽어달라고 보채는 아이를 자꾸 밀어내며 읽기 독립을 강제로 시키려고 한다.

이제 막 읽기 시작한 아이의 마음

이 시기의 독서에 대한 아이의 심리는 운전에 빗대어볼 수 있다. 아이에게 독서 시간은 책을 읽어주는 부모님과 단둘이 떠나는 드라이브와 같다. 부모님은 운전을 하고, 아이는 부모님이 이끄는 대로 이곳저곳을 다니며 세상 구경을 한다. 드라이브하면서 경험하는 세상은 아이가 속한 세상과는 다른 곳이다. 숲속 동물들이 사는 마을에 놀러 가기도 하고, 먼 옛날로 가기도 하고, 바닷속이나 우주로 갈 때도 있다. 이 여행은 해도 해도 질리지 않는다. 게다가 사랑하는 부모님과 함께라 더욱더 좋다.

이때 아이가 하는 독서라는 간접 체험의 과정에 대해 더 자세히 알아보자. 독서는 머릿속에 상상의 세계를 펼치고 그 안에 작가가 설명한 세상을 구현하고 경험하는 행위이다. 이런 일련의 과정을 '이미지화'라고 부르는데 이건 고등 동물인 인간만이 할 수 있는 특별한 사고 활동이다. 예를 들어, 《콩쥐 팥쥐》에서 "콩쥐는 새엄마가 시킨 김매기(잡초 뽑기)를 하러 밭에 갔어요"라는 장면을 읽는다면, 이 장면을 이미지로 구현하기 위해서 아이는 자신이 알고 있는 것들을 상상의 세계로 가져오기 시작한다. 아이의 시선을 따라가보자.

먼저 캐스팅을 해보자. 새엄마로는 우리 엄마를 캐스팅하면 되겠다. 엄마가 화낼 때 모습을 생각하면 비슷한 것 같다. 콩쥐는 예쁘고 착하니까 당연히 똑 닮은 나를 캐스팅한다. 팥쥐는 얄미운 행동을 하니까 내 동생을 캐스팅해야겠다. 콩쥐를 도와준 소는 방에 있는 인형을 캐스팅하면 되겠다. 인형은 언제나 내 말을 잘 듣고 심심한 나를 찾아와 도와주는 착한 존재니까 말이다.

자, 캐스팅이 끝났으니 이제 무대를 만들어봐야겠다. 김매기는 풀을 뽑는 일이라고 했으니 일단 집 근처에 풀이 많은 곳을 떠올려보자. 아파트 화단 잔디밭에 풀이 많으니 거기를 무대로 가져오자. 잘은 모르겠지만 아마도 잔디를 손으로 잡아 뜯는 게 김매기일 것 같다. 이제 캐스팅과 무대 만들기가 끝났으니 내용을 하나하나 따라가며 콩쥐가 되는 경험을 해볼 차례다.

이렇게 아이들은 자신이 알고 있던 정보들을 총동원해서 머릿속으로 《콩쥐 팥쥐》의 장면들을 구현하고 그 안에서 상상을 통해 간접 체험을 한다. 그리고 이때 자신의 배경지식을 활용하기 때문에 머릿속에 이미지화되는 책 속 세상은 아이가 실제로 속한 현실 세상과 비슷하게 구현된다.

하지만 그렇다면 모든 동화는 고만고만한 이야기로 아이의 머릿속에서 이미지화될 수밖에 없다. 아이의 배경지식은 아직 미약하다. 그래서 아이들에게 그림 동화를 읽히는 것이다. 책에 나온 삽화 덕분에 다행히 콩쥐의 김매기 장소가 아파트 화단이 아니라 시골의 논밭으로 옮겨졌다. 마치 삽화를 복사, 붙여넣기를 하는 것처럼 책에서 본 그림을 머릿속 세상에 가져가서 사용한다. 만약 삽화의 도움이 없다면 아이는 우물에서 물을 길어 나르는 장면을 싱크대에서 컵으로 물을 떠 온다고 상상할지도 모른다.

아이에게 이미지화 능력이 생기는 건 5세 무렵이다. 이후로 아이는 부모님이 읽어주는 책의 내용을 통해 반복해서 연습하며 이 능력을 꾸준히 발전시킨다. 책 속 세상을 머릿속 이미지 세상으로 옮겨서 유지하는 일은 보통 어려운 일이 아니다. 시간이 지나면 제법 익숙해지겠지만 여전히 아이가 가진 모든 역량을 끌어모아야 겨우 할 수 있는 고난도 작업임에는 변함이 없다.

더구나 책 내용을 이미지화함과 동시에 다양한 사고 활동도

해야 한다. '왜 새엄마는 팥쥐한테는 일을 안 시키고 콩쥐한테만 일을 시키지?'와 같은 비교와 분석을 하기도 하고, '두꺼비는 착하고 일을 잘하는구나'와 같은 평가를 내리기도 하고, 잔치에 가지 못하는 콩쥐를 보면서 '내 옷장에 있는 분홍 드레스를 입혀주면 좋을 텐데'와 같은 대안 제시를 하기도 한다. 이 외에도 문제 해결력을 사용하고, 추리하고, 결과를 예측해보는 등 독서라는 활동을 하면서 아이의 머리는 정말 복잡하고 다양한 사고 활동을 하게 된다.

자, 그러면 한번 생각해보자. 이제 막 한글을 익힌 아이가 더듬더듬 글자를 읽으며 이와 동시에 복합적인 사고 활동을 해내는 것이 가능할까? 아이는 모든 집중력을 총동원해서 겨우 글자를 읽기에 이 순간 아이에게는 사고를 할 만한 여유가 전혀 남아 있지 않다.

운전으로 치자면 글자 읽기 능력은 운전이 가능함을 증명하는 운전면허와 같다. 운전면허를 처음 딴 날을 회상해보자. 운전면허 시험에서 합격한 그날, 마법처럼 짠 하고 드라이브가 가능했는가? 당연히 아닐 거다. 운전대에 바짝 붙어서 양손으로 핸들을 꼭 쥐고, 내가 가진 모든 집중력을 앞차와 신호등 보는 데 사용하면서 운전했던 초보 시절이 누구에게나 있기 마련이다. 이제 막 글자를 익힌 내 아이도 바로 그런 독서 초보 운전자이다.

그럼에도 많은 부모님이 자립심을 키워준다는 명분으로 '자, 이제 너도 운전면허를 땄으니 앞으로 운전은 너 혼자 하도록 하여라'와 같은 태도를 취한다. 하지만 이제 막 면허를 딴 입장인 아이에게는 실로 엄청난 재앙이다. 그래서 아이는 필사적으로 함께 읽자고 조르는 것이다. 좋아하는 부모님과 드라이브를 계속해서 같이 하고 싶은 것이 바로 아이의 마음이다. 하지만 마음 약한 아이는 부모님이 기뻐하는 모습을 보기 위해 미숙한 운전이 힘들고 재미없는 일임에도 혼자 드라이브를 간다.

부모님의 잔인한 요구는 여기서 멈추지 않는다. 더 뛰어난 아이로 만들어주겠다는 마음으로 다양한 장르의 책과 더 어려운 책을 권한다. 운전 연습을 충분히 하지 못한 아이가 그 상태로 다양한 책을, 혹은 어려운 책을 읽게 된다면 어떤 결과가 올까? 글자를 한 글자 한 글자 또박또박 정확하게 읽는 습관이 무너지게 된다. 바로 정독 습관이 망가지는 것이다. 이후 아이는 망가진 정독 능력으로 평생 책을 읽어야 한다. 띄엄띄엄 읽는 것을 아주 강력한 습관으로 장착한 채 말이다. 이 모든 건 아이가 앞서가기를 바라는 부모님의 간절한 마음에서 비롯된다. 그 이면에는 아이에 대한 사랑이 있겠지만 이는 정독 습관을 망가뜨리는 일이니 주의해야 한다.

함께 읽기와 혼자 읽기, 병행기를 충분히 갖자

그렇다면 대체 언제까지 부모인 내가 운전을 해줘야 하는 걸까? 일단 조급한 마음을 가져서는 안 된다. 왕초보의 운전 독립은 적어도 주변을 돌아볼 여유가 생길 정도로 능숙해졌을 때 이루어지는 법이다. 읽기 독립도 마찬가지로 적어도 활자 읽기에 크게 집중하지 않아도 유창하게 해낼 수 있는 수준이 되었을 때가 좋다. 그래야 부모님이 읽어주는 조력 없이 아이 혼자 힘으로 온전히 독서를 할 수 있다.

연령으로는 초등학교 3~4학년쯤이라고 생각하면 된다. 7세를 전후해서 아이가 한글을 뗀 후에는, 부모님이 읽어주는 기존 방법의 동화 구연과 아이가 혼자 책을 읽는 훈련, 이 두 가지 읽기 형태를 병행하는 과도기를 3~4년쯤 충분히 가지는 게 좋다. 이후 초등 3~4학년이 되었을 때 완전히 읽기 독립을 시키는 것이 적합하다. 아니, 이때가 되면 부모님이 읽어주고 싶어도 더 이상 읽어줄 수가 없다. 사회성 발달이 시작되면서 아이는 또래 집단의 평가를 의식하고, 독립적으로 살아가는 어른의 모습을 동경하며 자신 또한 그런 모습을 갖길 희망한다.

하지만 아이는 아직 그저 아이일 뿐이어서, 실제로는 독립적으로 무언가를 할 능력이 부족하다. 그래서 아이는 '그런 척'을 한다. 특히 남들이 보는 앞이나 또래 친구들 앞에서 유독 어른 행세를 하려고 한다. 이 시기에는 부모님이 다정하게 책을 읽어주는 것 역시 어른답지 못한 창피한 행동이라고 생각하게 된다. 이때가 되면 부모님이 아무리 책을 읽어주고 싶어도 아이가 먼저 허락하지 않을 테니 이것이야말로 진정한 읽기 독립이 아니겠는가.

지금 당장은 오지 않을 것만 같은 까마득한 시간으로 느껴질 수 있겠지만 분명 읽기 독립의 날은 온다. 그러니 우리에게 허락된 시간이 다 끝나기 전에, 아이를 품 안에 쏙 넣고 함께 떠나는 둘만의 세상 나들이인 책 읽기를 충분히 해둘 것을 권장한다.

책 읽는 재미에
푹 빠져들게 만드는 법

아이가 책을 손에서 놓지 않는 것은 모든 부모님의 희망 사항이다. 그런데 왜 우리 집 아이는 책을 보지 않는 걸까? 스마트폰을 보거나 게임을 할 때 보면 집중력에 문제가 있진 않은 것 같은데 왜 책만 읽으라고 하면 채 1분도 안 돼서 주위를 두리번거릴까? 책 선정을 잘못해줘서 그런 건 아닌가 싶어 어린이 베스트셀러를 사 줘 봐도 아이의 반응은 영 시원치 않다. 뭐라도 읽으라는 마음으로 만화책을 사 줘도 그것마저 읽지 않는다. 책이 재밌다고 푹 빠져서 읽는 그런 아이로 만들려면 대체 어떻게 해야 할까?

책보다 더 재밌는 건 일단 치운다

아이가 책 읽기를 싫어한다면 먼저 두 가지를 점검해볼 필요가 있다. 첫 번째는 환경적 요인이다. 아이에게 노출된 자극의 순번을 한번 매겨보자. 책 읽기, 유튜브, TV, 게임, 놀이터, 장난감…. 그중 책은 몇 번째로 재미있는 일일까? 선뜻 상위 랭킹에 책을 올릴 수 있는 부모님은 그리 많지 않을 것이다. 그만큼 요즘 아이들은 책보다 재미있는 자극에 쉽게 노출된다. 그럼에도 불구하고 굳이 책을 읽으려고 하는 아이가 몇이나 될까? 다양한 선택지가 있을 때 더 강한 자극을 추구하는 건 지극히 자연스러운 일이다. 밥상에 사탕을 올려두고, 아이에게 건강에 좋은 시금치를 먹으라고 한들 아이는 사탕의 유혹을 뿌리칠 수 없다.

여기에 근본적인 집중력 문제도 있다. 자연의 세계에서 인간은 지극히 약한 존재다. 인간이 울타리를 만들고 그 안에서 농사를 지으며 정착한 건 불과 1만 년 전의 일이다. 정착하기 전까지 인류는 한 가지에 집중하면 안 되는 삶을 살아왔다. 골똘히 집중하며 빗살무늬토기를 만들던 신석기인은 포식자의 공격에 더 쉽게 잡아먹히고 만다. 고인이 된 신석기인의 집중력을 '초점성 집중력'이라고 부른다. 이건 우리가 책을 읽거나 공부할 때 필요한 집중력이다.

반면 주변의 작은 소리나 움직임에 반응하며 집중 대상을 옮기는 것을 '반응성 집중력'이라고 부르는데, 이는 긴 시간 동안 인류를 생존하게 만든 고마운 재능이었다. 그러니 우리 집 아이가 작은 자극에도 반응하며 토끼처럼 재빨리 집중력을 옮겨가는 건 뛰어난 호모사피엔스의 자손이라는 증거인 셈이다. 이런 방식으로 진화를 거듭한 인류이기 때문에 보통의 사람들은 멀티태스킹을 할 때 도파민의 쾌락을 느낀다.

유튜브나 게임 같은 미디어는 실시간으로 많은 자극을 주고, 아이는 거기에 반응하며 집중한다. 마치 고양이에게 빠르게 움직이는 장난감을 주면 집중하는 것처럼, 우리 아이도 빠르게 움직이는 게임이나 영상에 길들여지게 된다. 반대로 갖고 놀던 장난감이 더 이상 움직이지 않는다면 고양이는 이내 흥미를 잃어버리게 된다. 하지만 인간의 초점성 집중력은 장난감이 움직이지 않아도 그 장난감을 보며 장난감의 마음, 장난감이 탄생한 과정, 장난감의 꿈과 어울릴 만한 친구 등에 대해 상상하는 사고의 유희(생각의 즐거움)를 즐기는 특별한 일을 가능하게 만든다.

무려 70만 년 동안 이어진 인간의 반응성 집중력을 억누르고 초점성 집중력을 키워줄 강력한 훈련이 바로 독서다. 이건 아이가 독서를 싫어하는 이유이기도 하지만, 반대로 지금 시대에 독서를 꼭 해야 하는 이유이기도 하다.

그러니 아이가 책을 읽길 희망한다면 우선 집 안 환경을 점검해보고, 책보다 더 재밌을 만한 것은 일단 눈에 띄지 않게 치워두는 게 좋다. 적어도 책 읽기 습관이 뿌리내리기 전까지만이라도 말이다. 그런데 막상 휴대전화나 게임기 같은 걸 치우려고 들면 아이의 반발은 상상 이상일 것이다. 세상을 빼앗긴 것처럼 쭈글쭈글해진 아이의 모습을 보면 이렇게까지 아이가 좋아하는 것을 모두 끊어내는 게 옳은 건지 마음이 약해진다. 아니 게임은 그렇다 치고, 영상 콘텐츠 중에는 교육을 목적으로 제작된 좋은 내용들도 많은데 무조건 나쁘게만 보는 건 아닐까 판단이 잘 서지 않는다.

TV나 유튜브를 볼 때도 독서할 때와 같은 간접 체험을 할 수 있다. 더구나 이런 매체들은 영상과 소리라는 시청각 정보를 직접적으로 제공하기 때문에 독서보다 더 효과적이기까지 하다. 엄청난 독서가로 유명한 작가 유시민도 요즘 유튜브에 푹 빠져 있다고 인터뷰한 적이 있을 정도다.

결론적으로 미디어 노출은 교육적으로 나쁘지 않다. 어쩌면 한 100년 후 미래에는 더 이상 활자로 된 정보를 찾지 않아도 될지 모르겠다. 이 문제에 있어서 고민할 부분은 미디어 노출을 '언제'부터 하는 것이 좋은가이다. 영상을 통해 쉽고 재밌게 정보를 취하는 데 익숙해지면 책은 점점 더 멀어질 수밖에 없다. 그러니 더 어렵고 재미없는 독서 습관 먼저 만들고, 그 후에 선택적으로 영상을 통해 정보를 취하도록 해도 늦지 않다.

아이의 독서에 진심인 가정 중에는 거실 TV를 치우고 그 자리에 책장을 두는 집도 있다. 하지만 어느 날 갑자기 TV를 치우는 건 아이에게도, 부모님에게도 가혹한 일일 거라 강력하게 권유하진 못하겠다. 대신 최소한 부모님은 소파에 누워 TV나 스마트폰을 보면서 아이에게만 방에 들어가서 책을 읽으라고 하지는 않았으면 좋겠다. 부모님이 책 읽는 모습을 보여주면 아이도 자연스럽게 책을 읽는다. 그래서 아이 앞에서 책 읽는 모습을 연기하는 부모님들도 있다. 이건 교육적으로 훌륭한 가식이니 권장할 만한 행동이다.

읽기 독립에 성공하는 2가지 비결

아이가 책 읽기를 싫어할 때 두 번째로 점검해봐야 할 점은 책의 난이도다. 아이들은 자신의 읽기 능력으로 술술 읽을 수 있는 책에 재미를 느낀다. 도무지 진도가 나가지 않는데도 재미를 느끼는 건 어른에게도 힘든 일이다. 그러니 아이가 어려운 책을 읽었으면 하는 바람으로 인해 책 읽기를 공부처럼 시키고 있는 건 아닌지 한 번쯤 생각해봐야 한다. 더구나 이런 식의 책 읽기는 흥미뿐만 아니라 자신감도 없앤다. 물론 그렇다고 해서 어려운 책을 영원히 읽지 않을 순 없다. 하지만 독서 난도를 올리는 데는 적절한 시기와 노련함이 필요하다.

책 읽기에 푹 빠진 아이는 어려운 책 읽기도 망설임 없이 도전한다. 이런 아이로 만들기 위해 첫 번째로 해야 할 일은 쉽고 재밌는 책을 충분히 읽히는 것이다. 매번 재미있는 책을 골라주는 게 어렵다면 차라리 쉬운 책을 여러 번 읽히는 것이 좋다.

이마저도 어려운 아이라면 읽기 능력이 현저히 부족해서 읽기 독립 자체를 할 수 없는 경우일 수도 있다. 이럴 땐 아이가 초등 고학년이더라도 마치 어린아이에게 그림책을 읽어주듯이 부모님이 책을 읽어주는 것이 가장 좋은 방법이다. 시간이 오래 걸리더라도 책 한 권을 처음부터 끝까지 오롯이 다 읽어보는 걸 목표로 하는 것이 좋은데, 이때 비문학 도서보다는 감동을 느낄 수 있는 문학 장르의 도서가 좋다.

도전할 책 한 권을 정했으면 그다음에는 매일 읽을 분량을 챕터 단위로 미리 나눈다. 처음 한두 장은 부모님이 읽어주는데, 이때 아이가 책 내용에 흥미를 느낄 수 있도록 적절한 대화 및 부연 설명을 해주는 것이 좋다. 이후 부모님과 아이가 분량을 나눠 번갈아 가며 읽고, 조금씩 아이가 읽는 분량을 늘려간다. 이때도 마찬가지로 오늘 읽은 부분에 대한 대화를 꼭 해주며 진도를 나가는 게 좋다. 이런 방식으로 책 한 권을 다 읽는 건 무척 오랜 시간이 걸리는 일이지만, 아이가 책 읽기에 재미를 붙이고 자신감을 갖기 때문에 무척 효과적인 방법이다.

'부모님과 함께 읽기'를 통해 아이가 책에 대해 어느 정도 흥미와 자신감이 생겼다면 이후 두 번째 단계로 읽기 독립을 시작해야 한다. 성공적인 읽기 독립을 위해서 이제부터는 읽을 책 선정에 심혈을 기울여야 한다. 아이마다 흥미를 느끼는 분야가 제각각이기 때문에 무조건 추천 도서에 의존하기보다는 아이의 관심사를 잘 관찰해서 찾아내야 한다. 읽을 책을 선정하는 한 가지 방법은 인터넷 서점에 들어가 아이의 관심사에 해당하는 단어를 검색창에 넣어보는 것이다. 그런 다음 아동 분야를 선택해 상위권에 있는 도서를 선택하면 재밌는 책일 확률이 높다.

영화나 연극, 뮤지컬을 본 후, 같은 내용의 책을 선정해줘도 아이가 흥미롭게 읽을 가능성이 크다. 하나의 주제를 선정해서 쉬운 저학년용 그림 동화부터 읽히고, 같은 주제로 점점 글밥과 책 난도를 높이며 읽어가는 방법도 도전해볼 만하다. 이 모든 방법에는 적지 않은 품이 들어간다. 하지만 책 읽기를 싫어하던 아이의 흥미와 자신감은 이제 막 자라기 시작한 새싹과도 같이 여리기만 하다. 그러니 이 여린 새싹이 비바람이 몰아쳐도 끄떡없는 튼튼한 나무로 자랄 수 있도록 지금은 예의주시하며 부모님이 조심스럽게 잘 키워줄 필요가 있다.

2장

2단계

초보 독서가의 습관 만들기

공부의 기초,
정독 습관 키우기

대다수 사람은 평소 습관의 존재를 잘 의식하지 못하며 산다. 하지만 어떤 문제가 생겼을 때 원인을 찾다 보면 의외로 작은 습관에서 비롯된 경우가 많다. 더구나 간단해 보이는 작은 습관도 한번 만들어지면 고치기란 쉽지 않다. 이처럼 습관은 우리의 삶에 있는 듯 없는 듯 조용히 스며들지만 실로 막강한 영향력을 행사한다.

문해력에 있어서 중요한 첫 단추 역시 바로 정확히 활자를 읽는 습관을 만드는 데 있다. 활자 읽기 습관이 잘 만들어지지 못하면 글자를 볼 때마다 띄엄띄엄 대충 읽게 된다. 앞부분 몇 문장만 읽고 뒤에 나오는 내용은 짐작하는 습관, 중요한 단어만 읽고 조사 같은 부분은 빼먹고 읽는 습관, 글을 읽을 때 집중하지 못하고 딴생각을 하는 습관 등이 대표적이다.

이런 습관을 지닌 아이들은 시험 문제를 읽을 때도 자꾸 실수한다. 잘못 들인 읽기 습관이 문해력 발달에 커다란 걸림돌이 된 탓이다. 실제로 대치동의 고등학생 부모님들 사이에서는 100퍼센트 문해력 시험이라고 할 수 있는 수능 국어 성적은 아파트를 팔아도 살 수 없다는 말이 있다. 그만큼 유·초등 시기에 문해력의 기본 습관을 단단히 잡아주지 않으면 중·고등학교에 가서 바꾸기 어렵다는 의미다.

정독 습관은 어떻게 만들어질까?

아이가 한글을 뗀 직후부터 3년 동안은 앞으로의 문해력 실력에 있어서 중요한 갈림길이자 골든타임이다. 첫 단추라고 할 수 있는 읽기 습관을 얼마나 단단하게 만들었냐에 따라 향후 읽기 능력이 달라지기 때문이다. 뿐만 아니라 읽기 능력이 잘 만들어진 아이는 책 읽기가 재미있어서 누가 시키지 않아도 책을 자꾸 읽으려고 한다. 반면, 읽기 능력이 잘 만들어지지 못한 아이는 책 읽기가 재미없기에 책을 더욱 안 읽으려고 한다. 이렇게 몇 년의 시간이 지나고 나면 두 아이의 격차는 눈에 띌 정도로 벌어진다.

양극화는 학년이 올라갈수록 따라잡기 힘든 수준이 된다. 그러니 우리가 지금부터 목표로 해야 할 건 좋은 활자 읽기 습관인 정독 습관을 아이에게 장착해주는 일이다. 이 습관은 앞으로 아이가 책을 읽을 때뿐만 아니라, 전 과목의 공부를 할 때와 시험을 볼 때 기본기가 될 중요한 습관이니 아주 공들여 만들어줄 필요가 있다.

정독 습관은 아이가 글자를 배워 스스로의 힘으로 책을 읽기 시작한 때를 기준으로 이후 3년 동안 만들어진다. 5세에 한글을 뗀 아이는 5~7세가 습관 형성기이고, 7세에 한글을 뗀 아이는 7~9세가 습관 형성기이다. 이런 점을 고려해봤을 때 사고 역량이 상대적으로 부족한 영유아기에 한글을 일찍 떼는 건 정독 습관을 만드는 데 있어서도 불리한 일이다.

그렇기 때문에 이제 막 한글을 배운 아이는 이후 3년 동안 부모님과 함께하는 동화 구연과 아이가 스스로 읽는 두 가지 형태의 독서를 병행하는 것이 좋다. 이때 아이가 혼자 읽는 건 독서라고 부르기 어렵다. 독서는 책을 읽고 그 내용을 이미지화해서 간접 체험하는 활동인데, 아이들은 아직 자신의 힘으로 글자를 읽으며 이와 동시에 이미지화까지 수행하진 못한다. 그러니 아이의 혼자 읽기는 독서라기보다는 훗날 아이가 혼자 책을 읽기 위한 준비 과정의 '독서 훈련'이라고 정의 내리는 게 정확하다.

'독서 훈련'을 할 때에는 책 내용을 파악하거나 재미를 느끼는 독서에 집중하기보다는 낱글자 한 글자 한 글자를 정확히 읽는 훈련에 중점을 두고 정독 습관을 강화해주는 게 좋다. 중·고등학교에서 배구를 배웠을 때를 떠올려보면 이해가 쉬울 것이다. 배구는 네트 너머로 공을 강력하게 쳐내서 상대 팀 바닥에 떨어트리는 역동적인 게임이다. 그런데 정작 체육 시간에 주로 배운 건 운동장에 가만히 서서 팔목으로 공을 하늘로 통통 튕기는 동작이었을 거다. 이 동작이 완전히 몸에 배면 그다음부터 진짜 배구 경기하는 법을 배우게 된다. 독서 교육도 마찬가지로 정독 습관을 완전히 몸에 배게 만들고 난 후 진도를 나가면 훨씬 더 단단한 문해력을 확보할 수 있다.

정독 습관을 다지는 화랑의 3단계 교육법

화랑의 저학년 읽기 교육도 이런 원리로 설계되어 있다. 화랑에서는 저학년 수업을 '정독 과정'이라고 부르는데 이 시기 독서 교육의 핵심 목표를 정독 습관을 확보해주는 데 두기 때문이다. 정독 과정 수업을 듣는 1~2학년 아이들은 '깊이 읽고 혼자 쓰기'

라는 슬로건 아래 한 권의 책을 3단계에 걸쳐 정독한다.

우선 첫 번째 정독은 책을 9번 반복해서 읽어오는 거다. 100권의 책을 한 번씩 읽은 아이보다, 1권의 책을 100번 읽은 아이가 정독 습관 만들기에 훨씬 더 유리하다. 하지만 아이들은 반복해서 읽기를 무척 지루해한다. 새로운 스토리를 찾아 즐거움을 얻는 건 비교적 쉬운 일이지만 반복해서 음미했을 때 얻어지는 깊은 공감의 즐거움은 쉽게 얻을 수 없기 때문이다. 아이들은 본능적으로 쉬운 방법을 선택하고자 한다.

그렇기 때문에 숙제로 해야 하는 이 과정에서는 무작정 9번을 읽게 하지 않고 '엄마가 나에게 읽어주기' '아빠가 나에게 읽어주기'를 반복한 후 '내가 ○○에게 읽어주기' '마음속으로 3번 읽기'와 같이 다양한 방법을 제시한다. 책을 꼭꼭 반복해서 읽는 첫 번째 정독 과제를 잘한 아이는 수업 시간 선생님의 질문에 책의 문장을 그대로 외워서 대답하기도 한다.

이렇게 한 권의 책을 여러 번 반복해서 읽어보는 경험을 하고 난 후에는 두 번째 정독 과정인 책 메시지에 대한 대화와 독후 활동이 이루어진다. 아이들은 친구들과 자신의 경험, 또는 알고 있는 지식을 책 내용과 연결해서 이야기한다. 그런 다음 세 번째 정독 과정인 글쓰기가 진행된다.

이 시기에 이뤄지는 화랑의 글쓰기 교육은 일반적인 글쓰기 교육과는 다르게 구성과 표현, 맞춤법 등 글짓기 기술을 가르치는 데 목적을 두지 않는다. 이런 부분의 교육은 아이가 좀 더 성장한 이후로 미뤄두는 것이 오히려 좋다. 정독 과정에서 글쓰기는 책의 내용을 더 깊이 있게 생각해보고 혼자 몰입해서 글을 써보는, 말 그대로 세 번째 정독의 일환으로 진행된다. '독서(讀書)'라는 단어는 읽을 독(讀)과 쓸 서(書)가 합쳐진 단어이다. 즉, 읽고 썼을 때 비로소 독서가 완성되는 것이다.

글쓰기 실력은 책을 많이 읽고, 생각을 많이 해보고, 많이 써보

단계	교육 내용	교육 방법 및 주의점
1단계	9번 반복해서 읽기	- 엄마, 아빠가 읽어주기 - 스스로 소리 내서 읽기 - 마음속으로 읽기
2단계	책의 주제와 관련된 독후 활동	- 등장인물의 경험, 새롭게 알게 된 사실 등을 기존 경험이나 지식과 연결해서 생각하는 다양한 활동 - 스토리텔링, 토론, 발표 등
3단계	책 내용을 파악하는 글쓰기	- 책 내용을 더 깊이 생각해보는 글쓰기 - 혼자 몰입해서 쓰는 것이 목표 - 구성과 표현, 맞춤법 등 글짓기 기술은 가르치지 않는다.

화랑의 3단계 정독 교육법

면 늘게 돼 있다. 저학년 아이들에게 글쓰기 스킬보다 훨씬 중요한 건 활자를 정확히 읽어내는 정독 습관을 획득하는 일이다. 그런 의미에서 책의 내용에 대해 혼자 몰입해서 글을 써보는 경험은 글의 완성도 여부를 떠나서 책 내용을 이해하는 가장 밀도 높은 정독이 된다.

책 한 권을 이렇게 세 단계로 정독하게 되면 아이들은 그 책을 더할 나위 없이 깊이 이해하게 된다. 책의 텍스트나 문장부호가 전달하는 바를 읽어낼 뿐만 아니라 맥락에 담긴 메시지까지 샅샅이 파악하는 것이다. 이렇게 깊이 있게 정독한 경험이 아이에게 한 권, 두 권 쌓였을 때 정독 습관이 단단하게 뿌리내린다. 결국 정독 습관이란 올바른 경험을 켜켜이 쌓아 높은 탑을 만드는 일이다. 이건 분명 많은 시간을 투자해야 하는 일이지만, 그만큼 가치 있는 명품 능력이다. 그리고 오로지 습관이 만들어지는 골든타임에만 할 수 있는 특별한 교육이기도 하다.

아이의 편독을
방해하지 마라

화랑에서는 앞서 설명한 3단계 정독 교육을 통해 정독 습관을 만들지만, 꼭 이런 교육을 통해야만 정독 습관이 자리 잡히는 건 아니다. 정말이지 신기하게도 활자 읽기 습관이 만들어지는 시기가 되면 아이들의 본능은 정독 습관을 만들 수 있는 방향으로 움직인다. 자연이 아이에게 시키는 그 행동이 바로 '편독'이다. 물론, 한 가지 장르의 책만 반복해서 보는 편독은 편향된 독서이기 때문에 추천할 만한 독서 방식이 아니다. 하지만 정독 습관이 만들어지는 과정에서는 반드시 거치게 되는 독서 유형이다.

본래 저학년 시기 아이들은 좋아하는 분야의 책만 읽으려고 하는 편독 경향성을 갖고 있다. 전래 동화에 꽂힌 아이는 전래 동화만 읽으려 들고, 창작 동화에 꽂힌 아이는 창작 동화만 읽으려고 한다. 그중에는 특이하게 자동차나 공룡 같은 주제에 꽂혀 이 분야의 과학책을 좋아하는 아이도 있다. 내가 본 아이 중 가장 특이한 친구는 볼링에 대한 책을 좋아했다. 아이의 어머니는 "우리 아이는 아무래도 볼링을 시켜야 할 건가 봐요. 이왕이면 야구나 축구처럼 돈 되는 스포츠면 좋았을 텐데 왜 하필 볼링인지…" 하고 걱정했는데 다행히 아이는 커서 볼링이 아닌 건축을 전공하는 중이다.

아이가 편독기를 거치는 이유

사실 아이들의 편독을 그냥 내버려만 둬도 아이는 저절로 정독 습관을 획득할 수 있다. 하지만 아이가 편독하는 걸 지켜보는 부모님의 마음은 편치 않다. 세상엔 좋은 책이 많고, 알아야 할 지식도 다양한데 왜 매일 비슷비슷한 책만 읽으려 드는 건지. 더구나 쉬운 책만 읽으려 하니 그것 역시 걱정이다. 여기에 초등학교 저학년인데도 역사, 과학, 수학 같은 책을 척척 읽어내는 어느 옆집 아이 이야기라도 듣게 되면 이대로는 안 되겠다는 비장한

결심을 하게 된다. 그렇게 정독 습관을 향해가던 아이는 위기를 맞게 된다.

저학년 아이들이 편독하는 이유는 아직 활자 읽기가 미숙하고 배경지식도 부족하기 때문이다. 아이는 스스로의 힘으로 읽기 적합한 수준의 책을 선택해서 정독의 경험을 쌓아간다. 만약 이 시기에 아이 수준보다 어려운 책을 읽힌다면 당연히 책 내용을 온전히 읽어낼 수 없다. 그렇기 때문에 아는 내용만 띄엄띄엄 읽고, 그렇게 읽은 내용을 토대로 책 전체의 내용을 유추해서 줄거리를 조합하는 방식으로 이해하게 된다. 정독 습관이 만들어지기 전까지 이런 식의 읽기는 정말 독이 되는 일이다. 이런 독서 경험이 계속해서 누적되면 자연스럽게 습관으로 몸에 밴다. 그리고 이후 80년 동안 아이는 이 습관으로 책을 읽게 된다.

그러니 아이에게 정독 습관을 만들어주기 위해서 지금 부모님이 해야 할 중요한 일은 아이의 편독을 방해하지 않는 것이다. 그리고 혹시라도 아이가 허세를 부리며 자신의 읽기 수준보다 높은 난도의 책을 읽으려고 하면 좀 말리는 게 좋다. 아니 그런 책을 꼭 읽혀야겠으면 먼저 부모님과 함께 읽고 난 다음 아이가 혼자 읽게 하는 게 좋다. 적어도 정독 습관이 완전히 자리 잡기 전까지는 말이다. 아이의 읽기 난도를 높이는 건 정독 습관이 자리 잡고 난 이후인 초등학교 3~4학년 때 시작하는 게 적당하다.

정독 습관 형성기에 만화책을 멀리해야 하는 이유

정독 습관을 만들어가는 과정에서 한 가지 꼭 유의해야 할 점이 있다. 바로 만화책 읽기다. 다양한 지식을 쉽고 재밌게 얻을 수 있는 만화책은 참 매력적인 유혹이다. 어려운 지식도 만화로 접하면 더 쉽게 읽을 수 있고, 기억도 잘된다. 그리고 만화책도 책이니 독서의 일종인 것도 맞다. 단지, 정독 습관이 완전히 자리 잡기 전까지는 안 읽히는 게 낫다.

만화는 기본적으로 아이들이 보는 그림책과 구성 원리 자체가 다르다. 그림 동화는 이미지(삽화)와 텍스트가 같은 내용을 반복해서 전달하지 않는다. 스토리를 끌어가는 주된 요소가 이미지이고, 텍스트는 이를 보조한다. 하지만 만화의 경우 이미지와 텍스트가 같은 내용을 중복해서 표현한다. 그렇기 때문에 만화를 읽을 때 뇌는 이미지와 텍스트 둘 중 하나를 선택적으로 취한다. 한마디로 책에 담긴 내용을 다 읽을 필요가 없다.

이렇게 만화책을 띄엄띄엄 읽는 경험도 당연히 습관이 된다. 그렇기 때문에 만화책을 읽히는 건 정독 습관을 획득한 이후에 시작해도 늦지 않다. 더구나 저학년 때에는 단지 많은 지식을 확보하려고 하기보다 적은 지식으로 다양한 생각을 해보는 경험을 누적해야 할 때이다. 선과 후를 잘 따져보지 않고 과정을 무시한 채 결과만 흉내 내려 한다면 결코 좋은 결과를 얻을 수 없다.

음독 훈련이 가져다주는
3가지 능력

음독 훈련은 부모님들에게 퍽 납득이 되지 않는 교육일 것이다. 그래서인지 유독 음독에 대한 질문을 자주 받는다. 안 그래도 더 듬더듬 읽는 아이가 그나마 묵독으로 읽으면 조금이라도 내용을 아는 것 같은데, 음독으로 읽으면 도무지 무슨 말인지도 모르고, 말 그대로 글자만 읽는다는 하소연을 하는 부모님이 많다. 억지로 음독을 시키는 것도 진이 빠지는 일이지만 아이가 너무 싫어하는데 강요하는 게 옳은 건지, 이러다 자칫 책에 대한 흥미를 잃게 만드는 건 아닌지 걱정된다. 하지만 학교에서는 자꾸 소리 내 읽기 연습을 많이 시키라고 하니 난감하다.

세계 모든 나라의 국어(모국어) 교육에 있어서 음독 훈련은 필수이며 매우 강조되고 있다. 그리고 화랑의 저학년 정독 과정에서도 음독 훈련은 강조하는 부분이다. 물론 아이들이 무척 힘들어하는 건 알고 있다. 그럼에도 해야 할 만큼 음독 훈련은 이점이 많다. 음독 훈련의 이점은 크게 3가지 정도로 정리할 수 있다.

글자 읽기의 집중력이 높아진다

우선 음독은 활자 읽기에 대한 집중력을 크게 향상시켜준다. 묵독의 경우 활자라는 시각 정보가 바로 뇌로 들어간다. 그렇기 때문에 묵독은 효율적인 읽기 형태이다. 하지만 음독의 경우 활자가 시각 정보로 뇌로 들어간 후 입을 통해 나왔다가 청각 정보로 귀를 통해 다시 뇌로 들어가게 된다. 이렇게 음독은 묵독에 비해 복잡한 과정을 거치기 때문에 비효율적인 독서 형태이다. 그런데 아이러니하게도 바로 이 점이 음독 훈련을 하는 이유이다.

음독은 묵독에 비해 비효율적이기 때문에 음독 훈련을 통해 글자 읽기에 대한 집중력을 강화할 수 있다. 활자를 읽을 때 눈의 집중력이 있어야만 이후 내용을 이미지화해서 이해하는 작업을 할 수 있다. 마치 야구 선수들이 전지훈련을 가면, 평소 야구 경기 모습과는 다소 거리가 먼 타이어를 메고 뛰는 훈련을 하는 것처럼 음독은 읽기의 기초 체력을 키워주는 훈련이 된다.

하지만 음독은 타이어를 메고 뛰는 것만큼이나 힘든 일이다. 그러니 아이들이 음독을 싫어하는 건 지극히 당연한 반응이다. 만약 그동안 아이가 음독을 좋아했다면 오히려 그게 더 이상한 것이다. 나의 양육 태도가 강압적이진 않았는지, 아이가 의사 표현을 잘 못하는 건 아닌지 살펴볼 것을 권장한다. 물론 음독을 좋아하는 독특한 아이가 전혀 없는 건 아니다. MBTI가 초거대 E(외향성)로 시작하는 적극적인 아이들은 책을 큰소리로 읽어서 상대방의 주의와 관심을 끄는 걸 좋아하기도 한다.

정확한 발음 습관을 갖게 된다

음독 훈련의 두 번째 이점은 발음을 정확하게 교정할 수 있다는 점이다. 발음은 의사 전달을 하는 데 있어서 중요한 요소다. 오바마나 오프라 윈프리와 같은 사람의 유명한 연설을 다른 사람이 낭독했을 때 대중에게 똑같이 전달될까? 말의 영향력은 내용, 말하고 있는 사람의 신뢰도 같은 기본 요소도 중요하지만, 전달 방식 자체에도 영향을 받는다.

메시지를 '전달'하는 직업인 아나운서를 생각하면 이해하기가 쉽다. 아나운서를 뽑을 때 방송국에서는 뉴스의 내용을 가장 잘 전달할 수 있는 사람을 선발하고자 한다. 이를 위해 우선 신뢰가 가는 이미지와 프로필을 가진 사람을 선발한다. 그리고 발음 시험을 본다. 그래서 아나운서가 되고자 하는 사람들은 발음 연습을 하는데, 주로 볼펜을 물고 낱글자의 정확한 발음을 익힌다.

그런데 신기하게도 음독 훈련을 비중 있게 하는 7~8세 아이들은 볼펜을 물고 연습하는 아나운서 지망생처럼 발음을 교정하는 데 최적의 신체 조건을 갖게 된다. 바로 앞니가 빠져 있기 때문이다. 더구나 앞니는 다른 이에 비해 빨리 자라지도 않는다. 앞니가 빠진 아이는 마치 볼펜을 문 것처럼 발음이 샌다. 그래서 낱글자를 정확히 발음하는 것은 불가능하다. 하지만 아이들은 이 사실을 모르기 때문에 발음이 새는데도 불구하고 정확한 발음을 하고자 낱글자 하나하나의 발음에 집중한다. 그렇게 앞니가 자라는 1~2년 동안 음독 훈련을 반복하면 다시 앞니가 났을 때 자연스럽고 정확한 발음 습관이 남는다.

맞춤법을 저절로 터득한다

음독 훈련으로 얻을 수 있는 세 번째 이점은 맞춤법이다. 한글을 익히는 초등학교 1~2학년 아이들은 학교에서 받아쓰기 시험을 본다. 어른에게는 쉬운 일이지만 아이들은 글자를 정확히 써 내려가는 것을 힘들어하기 때문에 부모님들은 받아쓰기 연습을 위해 노트에 글자를 반복해서 써보게 한다. 하지만 아직 글씨 쓰기에 필요한 손의 소근육이 발달하지 않은 아이에게는 무척 지루하고 힘든 방식이다.

우리 한글의 맞춤법은 약 95퍼센트가 발음에 의해 정해진다. 그렇기 때문에 발음만 정확하게 익혀도 대부분의 맞춤법은 정확히 쓸 수 있다. 화랑에서는 1~2학년 아이들에게 선정 도서를 정확한 발음으로 소리 내 읽기를 반복하는 숙제를 내주는데, 숙제를 성실하게 한 아이들은 맞춤법을 틀리지 않는다.

발음으로 해결되지 않는 5퍼센트 미만의 단어는 쓰임에 의해 맞춤법이 정해진다. 주로 아이들이 헷갈리는 'ㅔ, ㅐ' 같은 모음자나 'ㄶ, ㄺ, ㅄ' 같은 쌍받침들인데, 이는 발음으로는 구분되지 않는다. 어른들은 이런 단어를 틀리지 않고 사용하지만 그렇다고 헷갈린다고 하는 아이에게 정확한 사용 법칙을 설명하기도 모호하다. 이걸 '체화'라고 하는데, 몸에 익어서 나도 모르게 저절로 되는 걸 말한다.

자전거 타기는 체화의 대표적인 예이다. 정확히 말로 설명할 순 없지만 그냥 타다 보면 몸에 익어서 잘하게 되는 것처럼 5퍼센트 미만의 맞춤법은 이런 체화 과정을 통해 습득된다. 왜 그런지는 모르겠지만 자꾸 쓰다 보면 어느 순간 그냥 알게 된다. 부모님도 모두 그렇게 배웠고 아이들도 역시 그렇게 배우는 영역이다. 따라서 이런 단어는 아이가 '아이(ㅐ)예요? 어이(ㅔ)예요?'라고 물어볼 때마다 가르쳐주면, 반복을 통해 자연스럽게 익힐 수 있다.

고학년이 되어서도 맞춤법을 틀리는 아이가 있는데, 체화를 통해 익히는 어려운 단어를 틀리는 경우는 흔치 않고 주로 어이없을 만큼 쉬운 단어를 반복해서 틀린다. 이건 발음 습관이 잘못잡혔기 때문인데 이로 인해 학교 서술형 시험에서 맞춤법 실수로 점수를 깎아먹는 경우도 비일비재하다. 한 예로 'ㅁ 받침'을 빼고 쓰는 실수가 잦은 아이의 발음을 잘 들어보면 습관적으로 'ㅁ 받침'을 빼고 발음하는 경우가 많다. 음독 훈련기에 발음을 교정해주면 이런 실수를 예방할 수 있다.

음독 훈련을 시작하기 전에 반드시 알아야 할 것들

아이에게 음독 연습을 시키기 전에 부모님이 명심해야 할 것이 있다. 바로 음독이 얼마나 힘든 일인지를 공감해주는 것이다. 음독은 효과가 강력하지만 타이어를 메고 운동장을 뛰는 것만큼이나 가혹하게 재미없는 일이다. 그러니 아이가 음독을 좋아할 거라는 기대나 당연히 잘할 거라는 생각은 버려야 한다. 그리고 음독 연습을 완수한 아이가 얼마나 대단한 일을 해낸 건지 기억하자. 그래야 고래도 춤추게 할 좋은 동기부여를 해줄 수 있다.

이러한 마음가짐을 장착했다면 이제 본격적으로 아이와 음독 훈련을 시작해보자. 음독의 목표는 낱글자 하나하나를 정확히 읽어내는 데 있다. 이때 아이가 텍스트 내용을 이해하지 못하더라도 크게 신경 쓸 필요가 없다. 한 글자도 빠짐없이 정확히 읽어내는 것과 발음에만 집중하면 된다. 그러기 위해 음독을 할 때 부모님이 아이 곁에서 발음이 정확한지, 조사와 같은 글자를 빼먹고 읽지는 않는지 확인하고, 잘못된 부분을 교정해주면서 천천히 읽는 게 바람직하다.

그리고 되도록 글자 읽기가 부담스럽지 않은 책을 골라주는 편이 좋다. 아이가 평소 자주 보는 책을 택하거나 또는 처음 읽는 책이라면 음독을 시키기 전에 부모님이 생생한 동화 구연을 두어 번 정도 하면서 미리 글의 내용을 익히는 것도 좋다.

음독을 시킬 때는 최대한 아이에게 재미가 될 요소를 찾아내야 한다. 많은 부모님이 사용하는 방법으로 '한 페이지씩 번갈아 읽기'나 '한 문장씩 번갈아 읽기'가 있다. 화랑에서는 수업 시간에 어려운 발음이 나오는 페이지를 지정해서 한 글자도 틀리지 않고 누가 더 길게 읽을 수 있는지와 같은 게임을 하기도 한다.

게임을 할 때 긴장감을 조성하면 평소 활자 읽기가 정확한 아이도 의외의 실수를 하곤 한다.

아이들이 한글을 막 배울 때 집에 붙여두었던 '가갸거겨' 같은 한글 파닉스 글자판을 이용하는 것도 좋은 방법이다. 부모님과 함께 '발음을 정확하게 해서 대각선으로 읽기' '거꾸로 읽기'와 같이 어떤 순서로 읽을지를 정한 후 누가 더 빨리, 정확히 읽어내는지 게임을 하는 것이다. 이 글자판의 경우 마주하는 글자들의 발음이 아주 조금씩만 변하기 때문에 정확하게 발음하지 않으면 금방 실수하게 된다. 관심을 두고 찾아본다면 지금까지 말한 것 이외에도 생활 속에서 아이와 할 수 있는 더 다양한 읽기 게임을 찾아낼 수 있을 것이다.

마지막으로 음독을 시킬 때 꼭 주의해야 할 점이 있다. 음독을 정확하게 하는 일은 많은 집중력이 필요하므로 너무 욕심을 부려서 오래 하려고 하면 안 된다. 저학년 아이들의 경우 보통 7분 정도가 한계다. 그 이상은 집중하기 힘들다. 그래서 3~7분 정도로, 하루에 3~4번 연습하는 걸 권장한다.

학교에서는 음독 훈련을 1~2학년 때 활발히 하고, 3학년 이후가 되면 수업 중에 교과서를 대표로 읽는 것 이외에 따로 음독을 시키지는 않는다. 하지만 음독 훈련은 고학년이 되어서도 꾸준히 해주는 것이 좋다. 문해력을 향상시킬 수 있는 직접적인 훈련으로 음독만큼 기초 체력을 만들어주는 일은 없기 때문이다. 그래서인지 문해력이 높은지, 낮은지는 음독을 시켜보면서 가늠할 수 있다. 이와 더불어 아이의 활자 읽기 습관도 확인할 수 있다. 보통 아이들에게 1,000단어 정도로 구성된 텍스트를 음독하게 하고 낱글자를 몇 번 틀리는지 확인하면 아이의 정독 수준을 알 수 있다.

여담으로, 하나 버릴 것 없는 음독 훈련은 어른에게도 문해력을 향상시키는 좋은 수단이 될 수 있다. 어른의 경우 보통 묵독으로 책을 읽는데, 이때 읽기 속도를 조절하는 건 쉽지 않은 일이어서, 마치 내리막길을 뛰어 내려가는 것처럼 사고의 속도보다 읽기 속도가 더 빨라 내용을 제대로 이해하지 못하고 건너뛰는 경우가 생긴다. 그래서 내용을 천천히 이해하면서 읽어야 할 경우, 음독을 하면 읽는 속도를 늦춰주기 때문에 활자에 대한 이해력을 높일 수 있다. 그러니 가족이 함께 운동하듯 음독 훈련을 해보는 것도 좋겠다.

창의력과 논리력
두 마리 토끼를 잡는 법

중학교 2학년 연우는 활자 중독으로 평소에도 너무 책만 읽으려고 해서 오히려 학교 공부에 집중하기 어려울 정도였다. 그런 연우의 독후감 숙제를 도와준 적이 있다. 아이는 정재승의 《과학 콘서트》가 다소 어려웠는지 읽어도 내용이 잘 이해되지 않는다고 했다.

연우와 상의해서 비교적 이해하기 쉽고 에피소드도 많을 것 같은 '크리스마스 물리학'이라는 챕터로 독후감을 써보기로 했다. 작가는 '산타클로스가 실제로 존재할까?'라는 의문을 물리학의 관점에서 풀어보는데, 지구의 표면적과 인구 분포를 고려해서 크리스마스이브 단 하루 동안 산타가 선물을 나눠줄 때 필요한 거리와 속도, 무게 등 여러 가지 물리적 상황을 계산한다. 만약 산타가 있다면 마하 4,218의 속도로 선물을 나눠줘야 한다는 엉뚱하지만 기발한 발상의 논증이었다.

그런데 연우는 내용을 차근차근 설명해줘도 이 유쾌한 패러독스가 도무지 재미도 없고 이런 계산을 왜 하는지 이해되지 않는다고 했다. 아이는 시큰둥한 표정으로 이렇게 말했다.

"선생님, 크리스마스이브에 많은 어린이가 선물을 받는 건 사실이잖아요. 그게 중요한 거 아니에요? 산타할아버지가 왜 꼭 사람이어야 해요? 선물을 주는 문화가 산타일 수도 있고, 자식에게 선물을 주고 싶은 부모의 마음이 산타일 수도 있잖아요."

아이의 논리에 순간 머리를 한 대 맞은 것 같았다. 뛰는 놈 위에 나는 놈이 있고, 그 나는 놈 등 위에 올라타는 놈이 있다더니 딱 연우를 두고 하는 말 같았다.

상상력이 논리력으로 발달하는 과정

동일 문화권의 사람은 기본적으로 유사한 환경에서 나고 자란다. 그래서 비슷한 사고와 행동 패턴을 보이는데, 이러한 유사성을 '보편적 사고'라고 부른다. 보편적 사고가 존재하지 않는다면 사람들은 사회를 이루고 살아갈 수 없을 것이다.

그런데 보편적 사고로는 현재의 상태를 유지할 수는 있지만 변화를 만들 수는 없다. 변화, 혹은 발전을 위해서는 보편적 사고의 중력에서 벗어나 새로운 발상을 통해 문제를 해결해야 한다. 그러나 이런 창의력은 일반적이지 않기 때문에 소수만이 가진 특별한 능력으로 추앙받게 된 것이다.

보편적인 사고를 하는 사람이라면 '산타클로스가 실제로 존재할까?'라는 의문을 풀어갈 때 산타가 다녀간 흔적, 산타를 만나본 사람, 산타가 놓고 간 선물 등을 근거로 산타는 아이들에게 환상을 주기 위해 만든 하얀 거짓말이라는 결론에 도달할 것이다. 그러나 이것은 개인적인 경험을 근거로 한 다분히 주관적인 추론에 불과할 뿐 객관적 결론이 될 수는 없다.

《과학 콘서트》를 쓴 정재승 박사는 이런 보편적 사고의 중력에서 벗어나 물리학이라는 새로운 관점으로 산타의 존재를 객관적으로 입증하고자 했다. 산타의 존재에 대해서는 보편적 사고를 했고, 규명하는 방법은 보편적이지 않은 독특한 방식을 사용했다. 연우는 여기에서 한 단계 더 나아가 '산타는 사람이다'라는 보편적 사고의 중력에서 벗어났다. 덕분에 한층 더 창의적이며 객관적인 생각을 제시할 수 있었다.

그렇다면 연우처럼 보편적 사고의 중력을 벗어난 창의적인 사람이 되려면 어떻게 해야 할까? 창의적인 사람들은 하나같이 독서를 많이 해서 그렇다고 하는데, 왜 그런지에 대한 납득할 만한 설명은 부족한 듯하다.

창의력의 씨앗은 상상력의 품에서 나고 자라난다. 상상력이 어떤 과정으로 창의력으로 발전해나가는지를 살펴보기 위해서는 우선 사고 활동의 출발점인 유아기를 주목해볼 필요가 있다. 이 시기 아이들은 아직 사회화가 이루어지지 않은 하얀 도화지 같은 상태다. 그렇기 때문에 보편적 사고라는 중력의 제약을 받지 않는 무적의 상상력을 소유하고 있다. 이를 '확산적 사고'라고 부르는데 현실에 기반하지 않는 상상력을 뜻한다.

이 상상력은 어른이 된다고 해서 없어지거나 옅어지는 게 아니다. 어린 시절 확산적 사고를 통해 어떤 방해도 없이 쭉쭉 뻗어나간 상상력은 10세 이후 객관성이 더해지면서 현실에 기반한 상상력으로 변한다. 쉽게 말해, 확산적 사고기에는 우주가 궁금하면 상상을 통해 그냥 하늘을 날아 우주로 가면 된다. 그리고 그곳에서 경험한 모든 것은 아이에게 현실과 다름없다. 그러나 현실 기반 상상력의 단계에 접어들면 아이는 발을 땅에 붙이고 하늘을 보며 우주가 어떤 곳인지 자신이 수집한 근거를 바탕으로 상상해본다. 이런 현실 기반 상상력을 논리 상상력, 또는 추론력이라고

확산적 사고기

현실 기반 상상력

창의력 발달의 두 기둥

부른다. 추론력은 논리력의 근간이 되는 중요한 능력이다.

여기서 주의할 점은 상상력의 영토는 논리적 상상이 만들어지기 이전인 확산적 사고기에만 확장된다는 점이다. 상상할 수 있는 영토를 손바닥만큼밖에 만들지 못한 아이는 그 좁은 범주에서 논리를 세우기 때문에 뻔한 생각만 할 수밖에 없다. 상상력의 영토가 아시아 대륙만 한 아이는 그 넓은 범주 위에 논리를 세우기 때문에 손바닥만 한 아이는 생각할 수 없는 다른 가정을 하고, 다른 결론에 이를 수 있다. 그럼 상상력의 영토가 태양계만큼 거대한 사람이 있다면 어떨까? 그는 일반인들이 생각하지 못하는 범주에서 현실적인 논리를 세울 수 있을 것이다. 그리고 우리는 이런 사람을 창의적인 사람이라고 부른다.

창의적인 아이의 상상력 영토

아이의 상상력을 빈약하게 만드는 부모님들의 특징

아동기의 상상력은 사고의 호흡을 길게 만들어주는 데도 도움이 된다. 어떤 문제에 직면했을 때 답을 찾기 위해 끈기 있게 생각하는 건 중요한 태도다. 그런데 아동기에는 그리 길게 생각할 만한 일도 없을뿐더러 그럴 수 있는 배경지식도 부족하다. 덕분에 아무런 근거도 없는 상상에 쉽게 빠지고 생각의 흐름을 길게 이어가는 연습을 할 수 있다. 즉, 상상을 통해 사고의 호흡이 길어지는 것이다. 따라서 유년기 확산적 사고의 기회가 열렸을 때, 상상력의 영토를 부지런히 키우는 일은 훗날 창의력의 기반과 끈기 있게 생각하는 습관, 두 마리 토끼를 잡는 길이다.

상상은 이렇게 유익하지만, 안타깝게도 부모님들은 아이의 상상력이 그저 엉뚱한 생각이고 유아기 사고의 일종일 뿐이라며 가볍게 여기는 경우가 많다. 심지어 논리력 발달을 방해하는 생각이라고 치부하는 경우도 있다. 더구나 상상력을 자극하는 책들은 쉽고 술술 읽히니 읽기 능력을 향상시키는 데도 별 도움이 되지 않을 거라고 여긴다.

그러니 세상에 상상력만큼 그 가치가 평가절하된 사고 능력은 없을 것 같다. 또 그로 인해 아이에게 책을 읽힐 때도 상상력을 자극해주는 책보다는 지식책을 권한다. 되도록 현실적인 지식을 주고, 막연한 공상은 일찍이 끝내고 빨리 논리적 사고를 하면 좋겠다고 여긴다. 그 결과 아이는 빈약한 상상력의 영토를 갖게 되고, 그 좁은 영토 위에 논리력과 창의력을 힘겹게 세워야 한다. 이건 정말 안타까운 일이다.

소위 비문학이라고 불리는 정보 도서를 읽고, 객관적 근거에 입각해 사고하는 습관은 상상의 영토를 충분히 확보한 아이가 그다음 행보로 도전해야 할 영역이다. 이런 과정 없이 단순히 더 어려운 책을 읽힌다고 해서 높은 문해력을 가진 아이가 되지 않는다. 오히려 저학년 시기의 독서를 선행할 수 있는 학습 진도로 여기는 것이 얼마나 위험한 생각인지 부모님들에게 꼭 경고하고 싶다.

책과 멀어진 아이의 마음 되돌리는 법

멈춰버린 수레바퀴를 다시 움직이게 만들기 위해서는 더 강한 힘이 필요하다. 마찰이라는 땅의 힘은 수레바퀴가 움직이지 못하게 꽉 움켜쥐고 있기 때문에, 처음 수레바퀴를 돌리려면 이 단단한 힘을 이겨내야 한다. 한 번 움직이는 것이 어려워서 그렇지, 일단 움직이기 시작한 수레바퀴는 계속 굴러가고자 하는 속성이 있다. 책 읽기도 수레바퀴와 마찬가지다.

독서에 대한 흥미가 사라지지 않았다면 더할 나위 없이 좋겠지만 어떤 원인이든 일단 아이의 독서가 멈춰버렸다면 다시 책을 읽게 만들기까지는 보통 이상의 노력이 필요하다. 하지만 부모님의 노력으로 인해 아이가 조금이라도 다시 책에 재미를 붙이게 되면 이후부터는 점점 더 수월하게 책을 읽을 수 있다. 그리고 종국에는 속도가 붙은 수레바퀴처럼 멈추지 않고 스스로 책을 찾아 읽는 독서가로 성장할 날도 꿈꿔볼 수 있다. 그날을 목표로 다부진 결심을 하고 아이의 독서 흥미를 높이기 위한 방법을 찾아보도록 하자.

독서 의욕을 북돋는 보상의 기술

가정에서 할 수 있는 가장 간단한 방법은 책 읽는 아이의 모습에 부모님이 관심을 두고 기쁨을 느끼는 모습을 보여주는 것이다. 부모님의 기쁨은 아이에게 강한 동기부여가 된다. 하지만 아이가 뭐라도 읽어야 기뻐할 텐데, 전혀 읽지 않는 우리 집 아이에게 적용하긴 이 역시 쉽진 않을 것 같다.

이럴 때 많은 부모님이 읽은 책에 스티커를 붙이게 하고, 일정 양의 스티커를 모으면 보상하는 방법을 사용한다. 이때 주의할 점은 읽을 책을 아이 스스로 고르게 해야 한다는 것이다. 부모님이 정해준 어려운 책은 가뜩이나 책 읽기 싫어하는 아이에게 책을 더 질리게 만드는 일이다. 그러니 4세 때 읽었던 유아용 동화책을 읽든, 만화책을 읽든, 혹은 대충 휘리릭 읽든 참견하지 말고 일단은 아이의 선택을 모두 존중해주는 게 좋다.

보상 빈도의 경우 처음에는 보상을 쉽게 받을 수 있도록 15권부터 시작하는 것이 좋다. 그다음에는 25권, 30권 이런 식으로 권수를 늘려가면 된다. 어느 정도 아이가 책 읽기에 흥미를 붙이기 시작하면 조금 더 글밥이 많은 책에는 파란색 스티커를, 새로운 장르의 책에는 빨간색 스티커를 붙이는 방식으로 책의 양과 질을 점점 높여가는 것도 방법이다. 스티커를 다 붙였을 때 보상은 단연코 문화상품권을 추천한다. 내 힘으로 번 문화상품권을 갖고 서점에 가서 책을 사는 걸 아이는 무척 뿌듯하게 느낄 것이다.

도서관을 아이의 친구로 만드는 법

도서관을 활용하는 것도 좋은 방법이다. 먼저 정해진 요일과 시간에 정기적으로 부모님과 함께 도서관에 가는 방법이 있다. 그런데 책 읽기 싫어하는 아이는 도서관을 지루하게 여기기 십상이라 분명 빨리 나가자고 하거나 안절부절못하는 경우가 많다. 그렇기 때문에 처음 시작할 때는 책 읽기를 목표로 하기보다는 도서관에 호감을 느끼는 것을 목표로 삼는 게 좋다.

어차피 도서관에서는 모든 사람이 책을 읽기 때문에 도서관 가는 걸 익숙하게 만들기만 한다면 책은 시키지 않아도 결국 읽게 된다. 그러니 도서관 가는 날에는 아이가 좋아하는 카페에 들러서 디저트를 사 준다거나 좋아하는 놀이터에 가서 같이 놀다 집에 온다거나 하는 방법으로 도서관에 대한 좋은 이미지를 심어주는 데 주력하는 게 좋다.

도서관에서 머무는 시간도 처음부터 오래 있으려고 욕심내기보다는 짧은 시간으로 시작해서 점점 늘려주는 게 좋다. 정기적으로 도서관 가는 루틴 만들기가 어렵다면 도서관에 갔을 때 책을 한 권씩 빌려오는 것도 괜찮은 방법이다. 빌린 책을 돌려주기 위해서라도 도서관에 다시 가야 하니 이런 강제적인 장치를 걸어두는 것이다.

함께 도서관을 다니는 게 어렵다면 아이에게 학교 도서관 이용을 권해도 좋다. 이때는 목표를 학교 도서관 사서 선생님과 친해지기로 정하면 한결 수월하다. 쭈뼛쭈뼛하며 말 한마디 붙이기 어려워하는 우리 집 아이를 위해 작고 예쁜 간식을 사서 선생님께 전해주라고 심부름을 시키는 것도 좋은 방법이다. 어떤 방법을 사용하든 도서관이라는 곳에 아이가 정을 붙일 수만 있다면 책 읽히는 일이 훨씬 쉬워진다.

잡지 정기 구독도 하나의 방법

서점을 정기적으로 방문하는 것도 아이가 책에 흥미를 느끼게 만드는 좋은 방법이다. 일주일, 또는 한 달에 한 번 주기적으로 서점 방문하는 날을 만들어서 아이가 직접 고른 책을 사주는 것도 긍정적인 독서 정서를 만드는 데 도움이 된다.

마찬가지로 잡지를 구독하는 것도 좋다. 아이들은 아주 어렸을 때부터 집에 택배가 오면 뭔지도 모르면서 마냥 좋아하기 마련이다. 더구나 자기 이름으로 된 우편물을 받을 일이 거의 없으니 우리 집에 내 이름으로 된 우편물이 정기적으로 온다는 건 아이에게 손꼽아 기다려지는 특별한 이벤트가 된다. 어린이 잡지는 대략 〈위즈키즈〉〈과학소년〉〈어린이 과학동아〉〈시사원정대〉〈독서평설 첫걸음〉 등이 있다. 각 잡지마다 특징이 다르니, 먼저 도서관에 갔을 때 서가에 비치된 잡지를 꼼꼼히 살펴보고 적당한 잡지를 고르면 된다.

이때 목표는 책 읽기 싫어하는 아이에게 읽기에 대한 호감을 높여주는 데 있으니 꼭 읽어야 한다는 압박을 주지 말아야 한다. 아이가 포장지만 뜯고 전혀 읽지 않아 속이 부글부글 끓더라도 꾹 참고 티를 내지 말아야 한다. 물론 읽지도 않는 잡지를 단지 구독하는 것만으로 아이가 책을 읽게 되지는 않는다. 하지만 적어도 책에 대한 흥미를 느끼게 만들어줄 순 있다.

애초에 책 읽기를 좋아하는 아이였다면 이런 어린이 잡지 정도는 구독해줄 필요도 없이 중고로 사서 보거나, 도서관에 갔을 때 살펴봐도 크게 상관이 없다. 하지만 그건 어디까지나 책을 잘 보는 아이의 경우란 점을 잊지 말자. 우리 아이는 멈춘 수레바퀴이니, 일단 움직이게 만드는 것에만 신경을 쓰는 게 좋다. 자기 이름으로 오는 잡지를 계속해서 쌓아두다 보면, 아이도 어느 순간 책임감을 느끼게 된다. 그래서 꼼꼼히 보진 않아도 어떤 내용이 있는지 대충이라도 보게 된다. 또한 자신이 구독하고 있는 잡지의 분야를 꽤 잘 안다는 착각을 하기도 하는데, 방에 쌓여 있는 잡지 제목들이 아이에게 왠지 그런 것 같은 암시를 거는 것이다. 이런 착각은 아이로 하여금 해당 분야의 책을 읽는 자신감이 되기도 한다.

가족, 친구와 함께 읽는 독서 모임으로 관심 끌기

온 가족이 함께 책을 읽는 것도 추천하는 방법 중 하나다. 매일 30분씩 정해진 장소에서 가족이 함께 독서 타임을 갖는 것이다. 이때에도 어떤 책을 읽을지에 대한 부분은 각자의 취향을 존중해줘야 한다. 가끔 가족이 서로에게 읽을 책을 추천해주는 이벤트를 해봐도 좋다. 정기적인 독서 타임을 가질 때, 독서 장소에 아이가 좋아하는 간식을 두면 책 읽는 장소에 대한 호감을 갖게 만들 수 있다. 독서 타임이 익숙해지면 마칠 때 오늘 읽은 책을 각자 소개하거나, 한 가지 공통된 주제에 대한 책을 각자 찾아서 읽고, 주제에 대해 토론해보는 식으로 심화시켜도 좋다.

동네 친한 학부모님들과 함께 아이들의 독서 모임을 만들어주는 것도 좋은 방법이다. 이런 독서 모임은 아이들의 인정 욕구를 자극해서 아이가 모임에 대해 자부심을 느끼게 할 수 있다. 이 모임에 참석하기 위해서 아이는 무조건 책을 읽어야 한다. 아니, 적어도 주어진 분량을 다 읽지는 못하더라도 10~20분이라도 읽게 될 거고, 그마저도 힘들어하는 아이라도 한두 쪽이라도 읽기 마련이다. 책 읽기를 싫어하는 아이가 이렇게 조금이라도 읽는 기회를 가질 수 있다면, 이 역시도 점차 책을 읽게 되는 계기가 될 수 있다.

모임의 방식은 아이들끼리 읽을 책과 분량을 정해서 읽어 오고, 읽은 책에 대해 무엇이든지 자유롭게 얘기할 시간을 주면 된다. 이때 가급적 부모님은 개입하지 않고 아이들이 운영하게 내버려두는 것이 좋다. 그냥 주기적으로 아이들이 만나서 노는 모임이 되어도 상관없다. 대신 모임의 이름이 무려 '독서 모임'이지 않은가. 그렇기 때문에 아이들은 이 모임에서는 독서를 해야 한다는 것을 누구보다 잘 알고 있기에 잘하진 못해도 흉내라도 내려고 노력하게 된다.

이런저런 방법이 다 통하지 않는다면 최후의 방법은 계획적으로 읽게 만드는 것이다. 일주일에 몇 회, 몇 분 동안, 몇 쪽을 읽을지에 대한 자세한 독서 계획을 세우고, 자신이 세운 계획을 책임지고 실행하게 한다. 이때도 계획을 완수했을 때 아이에게 줄 보상은 꼭 준비해두는 것이 좋다.

책을 싫어하는 아이에게 책 읽기란 엄청난 인내가 필요한 고난의 연속이니 부모님이 이런 점을 충분히 이해하고 아이에게 책을 읽혀야 한다. 아이가 이렇게까지 싫어함에도 불구하고 꾸준히 시켜야 할 만큼 책 읽기는 가치 있는 일이다. 아이가 영어 단어 외우기를 재밌어해서 시키는 부모님은 아마 없을 것이다. 책 읽기를 통해 쌓아갈 문해력 역시 아이가 삶을 살아가는 데 있어서 없어서는 안 될 귀한 재능이고 사회적 자본이다. 그러니 내 아이의 독서 수레바퀴가 멈춰버렸다고 해도 포기하지 말고 부모인 내가 다시 움직이게 만들어야 한다.

3장

3단계

단단한 독서가로 점프하기

지식책으로
읽기 독립을 완성하려면

아이들이 읽기 독립을 했을 때 맞닥뜨릴 가장 큰 어려움은 바로 배경지식의 부족이다. 이건 부모님의 책 읽기를 생각해보면 이해가 쉬울 것 같다. 아이를 키우는 부모님들에게 자녀교육서는 술술 읽히는 책이다. 아이를 키워본 경험을 배경지식으로 책 내용을 쉽게 이미지화할 수 있기 때문이다. 하지만 의학, 토목, 이슬람 율법같이 평소에 자주 접해보지 않은 비관심 분야의 책을 읽어내는 건 어려울 수밖에 없다.

이처럼 평소 책을 많이 읽는 사람도 배경지식이 부족한 분야의 책은 내용을 파악하기 어렵다. 그런데 아이들의 경우 경험의 절대량이 적을뿐더러 지금까지 정독 습관을 잡아주기 위한 편독 위주의 독서를 해왔기 때문에 배경지식이 부족하다 못해 그냥 없다고 해도 무방하다. 이로 인해 아이는 더욱더 편독을 고집하게 된다. 물론 이건 남의 집 애들도 마찬가지다. 그리고 모두 공평하게 지금부터 출발선이다.

초등학교 3~4학년부터 본격적으로 시작되는 배경지식 확보는 읽기 독립은 물론, 이후 더 발전된 형태의 독서인 다독으로 점프하는 데 있어 그 성패를 좌우하는 중요한 키가 된다. 그런데 이 배경지식은 우리가 흔히 생각하는 것처럼 무조건 지식·정보 책을 많이 읽는다고 해서 얻을 수 있는 것이 아니다. 따라서 먼저 배경지식이 어떤 원리로 만들어지고 쌓이는지에 대해 이해할 필요가 있다.

영재라도 읽지 않으면 늘지 않는다

대학로에 로봇 박물관이 개관하던 해, 초등학교 3학년 아이들을 데리고 어린이 대상 견학을 간 적이 있었다. 담당 도슨트는 먼저 질문을 던져서 생각해보게 한 후 설명하는 방식의 문답법을 사용했다. 박물관 입구에서 도슨트가 맨 처음 질문을 던졌다.

"로봇이라는 말이 어디에서 나온 건지 아세요?"

모든 아이들이 어리둥절한 가운데 재민이가 "1920년 체코의 카렐 차페크가 《로숨의 유니버설 로봇》에서 처음 사용한 말인데 노예라는 뜻이에요"라고 대답했다.

'1920년, 체코. 카렐 차페크라니!' 발음조차 어려운 낯선 지식을 쏟아내듯 말하는 아이의 모습에 여기저기에서 감탄하는 소리가 들려왔다. 덩달아 내 어깨도 좀 으쓱해졌다. 이후에도 도슨트의 질문은 계속되었고 그때마다 재민이는 퀴즈대회에 출전한 것처럼 신이 나서 답을 맞혔다. 아이의 이런 모습에 도슨트가 한숨을 내쉬며 나를 따로 불러 말했다.

"어머니, 아이가 이 박물관에 자주 와 봤으면 다른 아이들 흥미도 생각해서 대답을 자제하게 해주셔야죠."

아니 개관한 지 며칠 되지도 않은 박물관을 여러 번 와 봤다고 주장하며 관람객에게 화를 내다니, 도슨트의 앞뒤 없는 태도가 어이없었다. 하지만 유쾌하지 않은 상황에도 불구하고 모두가 선망하는 똑똑한 아이의 어머니라고 불린 게 내심 짜릿했다.

이렇게 제 또래보다 아는 게 많은 아이가 가공되지 않은 어려운 지식을 나열할 때 부모님의 도파민은 춤을 춘다. 아마 예외는 없을 거다. 그런데 반대로, 그 아이가 남의 집 아이일 경우에는 부러움과 함께 불안함을 느끼게 된다. 아직도 어린이 만화영화

주인공, 디즈니 공주 이름, 게임 캐릭터나 줄줄 꿰고 있는 우리 집 아이가 너무 뒤떨어지고 있는 게 아닌가 하는 불안이 엄습한다. 그 결과 아이가 좋아하는 그림 동화, 이야기책을 적대시하게 된다. 이제 그런 유치한 책은 그만 보고 지식책을 좀 봤으면 좋겠다는 생각이 든다. 정 어려우면 《Why? 시리즈》 같은 만화책이라도 읽었으면 하는 바람으로 자꾸 아이를 채근하게 된다.

하지만 재민이의 반전을 알게 되면 이런 마음이 조금 누그러들 수도 있다. 고학년이 된 후 소위 이과형 영재였던 재민이는 수학 올림피아드 대회 준비를 시작하게 되었다. 이로 인해 바빠졌고, 아이의 독서량은 매주 독서 수업을 위한 책 한 권으로 명맥을 잇는 정도가 전부였다.

재민이가 6학년 되던 해, 하루는 학교에서 하는 과학 독후감 대회 준비를 도와주게 되었다. 아직 독후감 쓸 책을 읽기 전이라 일단 대략적인 글의 주제를 잡아보게 가이드하고, 이후 책을 읽고 대회 현장에서 글을 쓰라고 할 요량이었다. 주제를 고민해보다 마침 아이가 좋아하는 로봇으로 글을 쓰면 되겠다 싶어 로봇 관련 과학책을 골랐다.

그리고 독후감에 쓸 로봇에 대한 지식을 정리하는데 이럴 수가, 아이가 로봇에 대해 아무것도 기억하지 못하는 것이 아닌가. 재민이에게 "너 로봇에 대해 줄줄 꿰고 있었잖아. 한번 잘 떠올려 봐. 1920년 체코, 뭐 이런 거 기억 안 나?"라며 로봇에 대한 지식을 상기시키고자 애썼지만, 아이는 마치 기억상실에 걸린 사람처럼 "제가요? 정말요?"만 되뇌며 수줍게 웃었다. 이 똑똑한 영재 아이가 로봇에 대한 그 많던 지식을 정말 새까맣게 잊어버린 것이다.

지식의 양을 늘리는 것보다 중요한 것

그런데 이런 일은 재민이뿐만 아니라 모든 아이에게 일어나는 지극히 자연스러운 일이다. 새로운 지식을 알게 되고, 그 지식을 오랜 시간 동안 기억하는 과정은 주방에서 요리하는 과정과 유사하다. 시장이나 마트에 가서 요리 재료를 사 왔다고 생각해보자. 장을 본 재료를 바로 먹는 게 아니라 보통 재료를 먼저 씻고 다듬고 난 뒤, 냉장고에 보관하고 있던 기존 재료를 더해 요리를 만든다. 기존 재료와 새로운 재료를 더해 완성된 요리는 다시 냉장고에 보관하게 된다.

책이나 유튜브 등 새로운 정보 제공처는 마트와 같다. 여기서 사 온 재료는 새롭게 알게 된 정보data이고 요리하는 주방은 작업 기억이다. 완성된 음식은 지식이라고 부르고, 이 지식을 보관하는 냉장고가 바로 장기 기억이다. 그리고 우리가 목표로 하는

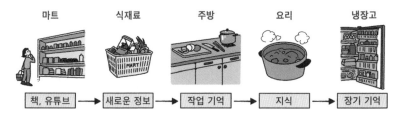

마트　　　　식재료　　　　주방　　　　요리　　　　냉장고

책, 유튜브 → 새로운 정보 → 작업 기억 → 지식 → 장기 기억

지식을 오래 기억하는 과정

배경지식은 냉장고 안에 있는 음식, 즉 장기 기억에 저장된 지식을 말한다.

소위 박학다식하다고 불리는 사람의 장기 기억 용량은 커다란 냉장고만 하다. 아이가 이런 냉장고를 갖게 하려면 어떻게 해야 할까? 일단 사전에 알아두어야 할 것은 냉장고의 용량은 정해져 있지 않다는 점이다. 그저 음식이 많으면 늘어나고, 음식이 적으면 줄어든다. 그러니 마트에 가서 최대한 많은 음식을 사 오면 될 것 같다. 이 부분이 바로 많은 부모님이 잘못 생각하는 점이다.

장기 기억이라는 냉장고에는 내가 직접 요리한 음식만 보관할 수 있다. 마트에서 사 온 식재료들은 말 그대로 음식을 만들기 위한 재료이지 완성된 요리가 아니다. 세상에는 많은 마트가 있는 것처럼 우리는 책과 미디어 등 수없이 많은 경로를 통해 지식을 접할 수 있다. 그런데 이 지식은 엄밀히 말해 그 책을 쓴 저자 혹은 영상 제작자의 지식이지, 그걸 본 사람에게 있어서는 지식이 아니라 단지 정보일 뿐이다.

이 정보들을 재료로 작업 기억이라는 뇌의 영역을 사용해서 마치 요리를 하는 것처럼 스스로 사고하는 과정을 거쳐야만 완성된 음식, 즉 내 지식이 되고 비로소 냉장고인 장기 기억에 저장할 수 있는 것이다. 이 설명에서 사고 과정이란 무엇인지 애매할 수 있는데, 이건 말 그대로 스스로 생각하는 과정을 말한다. '그렇구나'라는 '이해'나 '공감'일 수도 있고, '비교'나 '분석'일 수도 있다. 혹은 '나였더라면'과 같은 '상상'이나 '바람'일 수도, 여러 가지 '감정'에 대한 간접 체험일 수도 있다.

여하튼 그게 어떤 것이든 간에 재료를 갖고 요리를 하는 것처럼 작업 기억에서 일어나는 사고 활동을 거쳐야만 나의 지식이 되고, 나의 장기 기억으로 저장된다. 그러니 가공되지 않은 지식을 사재기하듯 무조건 많이 밀어 넣는다고 해서, 아이의 냉장고에 보관될 음식이 되는 것은 아니다.

하지만 암기라는 기능은 우리가 접한 '남의 지식'을 마치 '나의 지식'인 것처럼 착각하게 한다. 남의 자식과 나의 자식이 같은 자식이 아닌 것처럼, 남의 지식과 나의 지식은 엄연히 다르다. 남의 지식을 내 것인 양 착각하며 잠깐 붙잡아둘 순 있겠으나, 장기 기억에 안전하게 보관하지 못한 지식은 이내 사라져 버린다.

그러니 아직 어려서 요리하는 것이 미숙한 아이에게 다룰 수도 없는 많은 재료를 계속해서 밀어 넣어주는 건 오히려 독이 될 수 있다. 당근, 양파, 계란과 같은 단순한 재료로 익숙한 요리를 반복하다 보면, 요리에 능숙해질 것이고, 그다음에 재료를 늘릴 차례가 온다. 그때가 되면 많은 지식을 쌓기 위해서 학습 만화를 보는 것도 좋다.

쓰지 않는 지식은 결국 사라진다

배경지식을 늘리기 위해서는 지식의 보존 기간도 주의해서 생각해봐야 할 점이다. 냉장고는 음식을 싱싱하게 보관해주지만 그렇다고 해서 영원히 저장할 순 없다. 장기 기억이라는 냉장고의 지식 역시 마찬가지로 시간이 지나면 점점 흐려지다가 결국 사라진다.

그럼 이 아까운 지식을 오랫동안 보관하려면 어떻게 해야 할까? 이것도 요리 과정과 비슷하다. 냉장고에 음식을 오래 보관하려면 중간에 꺼내 다시 한번 끓여서 보관하면 된다. 장기 기억에 저장된 배경지식도 마찬가지다. 관련된 책을 읽거나, 박람회에 가는 등의 계기를 통해 보관했던 배경지식을 다시 작업 기억으로 꺼내 사고활동을 하는 데 사용하면 신선도가 돌아오게 된다.

여기서 재민이가 왜 로봇에 대해 전혀 기억하지 못했는지에 대한 답을 찾을 수 있다. 어릴 때부터 로봇 책을 좋아하던 재민이의 장기 기억 냉장고에는 로봇에 대한 지식이 많이 있었지만, 고학년이 된 재민이는 이 관심을 지속하지 않았고, 결국 냉장고에 있던 로봇에 대한 지식이 자연스럽게 소멸하고 말았다.

더구나 충격적이게도 장기 기억의 냉장고는 8세 무렵부터 발달하기 시작한다. 이 말은 좀 납득되지 않을 수도 있다. 유치원 이전의 일들을 생생히 기억하는 사람도 있을 테니 말이다. 그러나 이런 기억은 대부분 어릴 때 만들어진 기억이기보다는 사진이나 비디오, 주변 사람들의 이야기 등을 듣고, 이미지화를 통해 재창조된 기억이 장기 기억으로 저장된 것일 가능성이 높다. 이 시기 오래 기억될 만한 아주 강력한 경험은 장기 기억이 아닌 무의식에 저장된다.

추측해보건대 재민이가 저학년 때 열심히 쌓았던 로봇에 대한 지식은 애초에 일회용 지식이었을 가능성이 크다. 그러니 초등학교 저학년 시기에 배경지식을 늘리기 위한 목적으로 지식 위주의 책을 잔뜩 읽히는 건 시간 낭비일 뿐이다. 적어도 장기 기억의 냉장고가 원활히 작동하는 초등 3학년 이후부터 배경지식의 양을 차츰 늘려나가기 시작하는 것이 적절하다.

읽기 독립 완성을 위한 부모님의 마지막 조력

지금까지 살펴본 바와 같이 본격적인 배경지식 확보에 있어서 우리가 주목해야 할 점은 지식의 양을 늘리는 것이 아니라, 지식을 내 것으로 만들고 활용하는 작업 기억의 활성화에 있다. 이 부분까지 잘 준비된다면 단단한 독서가로 성장할 수 있고 당연히 배경지식도 많아지게 된다. 더구나 우리나라 교과서에는 배경지식이 넘치게 담겨 있기 때문에 학교 공부만 잘 따라가도 배경지식으로는 어디서든 빠지지 않는 척척박사가 될 수 있다.

내 안에 담겨 있는 배경지식을 활용하는 방법은 무수히 많지만, 가장 쉽고 자주 접할 수 있는 방법이 독서다. 대화와 같은 방법도 있긴 하지만 토론, 토의 문화가 약한 한국 사회에서 새로운 지식을 사용해서 대화할 기회는 생각만큼 많지 않다. 더욱이 어린이의 경우 대화의 대부분이 부모님과의 시간인데 부모님들조차 아이에게 무얼 설명해주는 건 잘해도, 서로 주고받으며 아이에게서 배경지식을 활용하는 대화를 이끌어내는 건 어려워한다. 그러니 가장 손쉬운 방법은 결국 독서인 것이다.

책에 담긴 텍스트를 이미지화하기 위해 아이는 자기가 가진 배경지식을 활용해야 한다. 책을 통해 다양한 이야기를 접할 수 있기 때문에 독서는 기존 배경지식을 활용함과 동시에 새로운 배경지식을 수집하는 활동이다. 그런데 이 시기 독서에는 한 가

141

지 치명적인 딜레마가 존재한다. 바로 배경지식을 만들기 위해 책을 읽는데, 배경지식이 부족해서 책 읽기가 힘들다는 점이다.

그래서 이 시기까지 부모님이 아이의 독서를 함께해주는 게 좋다. 아이의 읽기 독립을 손꼽아 기다려온 부모님들에겐 다소 미안한 소식이지만, 이제 정말 마지막이다. 믿어도 좋다. 아이가 혼자 읽기 어려운 책이라면 그림 동화책을 읽어줄 때처럼 부모님이 읽어줘도 좋고, 아니면 아이가 책을 읽을 때 곁에서 궁금해하는 걸 바로바로 설명해주는 것도 좋다. 그런데 이런 형태의 읽기를 시작하면 아이가 생각보다 아는 게 없어서 다소 충격받을 수도 있다. '우리 아이가 이런 것까지 모르고 있었다니'라는 생각이 들 수 있겠지만 이 시기는 생각보다 금방 지나가니 너무 걱정할 필요가 없다. 그리고 늘 그렇지만 남의 집 아이들도 마찬가지일 것이다.

아이의 일자무식이 유독 이 시기에 드러나는 이유는 이전에 읽었던 책이 별다른 배경지식이 필요 없는 쉬운 책이었기 때문만은 아니다. 이전의 아이는 자기 중심성이 강한 기질을 가졌기 때문에 모르는 걸 크게 의식하거나 궁금해하지 않았다. 온 세상이 나를 중심으로 돌아가는데, 어떤 객관적인 사실에 대해 굳이 궁금해할 필요가 있었겠는가. 하지만 10세 무렵 전환점을 맞이하면 급격히 세상에 대한 호기심도 생기고, 자신이 무엇을 모르는지도 알게 된다.

정리해보자면 정독 습관이 형성되는 초등 저학년 시기에는 부모님 주도의 독서를 하며 읽기 훈련을 시킨다. 그리고 읽기 독립을 시작하는 초등 3학년 이후 1~2년 동안은 아이 주도의 독서를 하며 부모님이 아이의 부족한 배경지식을 보완해주면 된다.

배경지식을 키워주는
화랑의 독서 교육법

사실 배경지식 문제만 어느 정도 보완된다면 다독 전환은 생각만큼 어렵지 않다. 고집스럽게 좋아하는 장르를 편독하며 정독 습관을 획득한 아이는 때가 되면 스스로 다양한 장르의 책을 읽기 시작한다. 물론 여러 장르를 오가는 완전한 다독이 아니라 편독하는 장르가 하나씩 확장되는 방식으로 진행된다. 이때 편독을 꾸준히 한 아이가 더 이상 그 분야에는 읽을 책이 없어서 자연스럽게 다른 분야로 관심이 옮겨가기도 하고, 어떤 특별한 계기를 통해 장르의 폭을 넓히기도 한다.

세연이는 어릴 때부터 이야기책 편독이 심한 아이였다. 아이가 초등학교 3학년이 되던 해, 키우던 햄스터가 수명을 다해 죽는 일이 있었다. 호상이었음에도 한참 동안 슬픔에 잠겨 있던 아이는 서점에 갔다가 우연히 햄스터에 대한 책을 발견해서 읽게 되었다. 이 책에 흥미를 느낀 아이는 이후 비슷한 책들을 찾아 읽기 시작했고, 이 관심은 곧 동물에 대한 과학책으로 확장되었다. 한동안 동물책에 머물러 편독하던 아이의 관심은 다시 세계의 지리·환경에 대한 책으로 자연스럽게 옮겨갔다. 이런 식으로 편독 장르를 확장해나가다 보면, 아이는 차츰 기존의 편독 성향을 버리고 장르를 불문하고 읽는 다독을 하게 된다.

그런데 이 과정은 아이의 자연스러운 성장 속도를 기다렸을 때 한 가지 문제에 직면하게 된다. 바로 현실적 교육 여건과 부딪치는 것이다. 초등학교 3학년 이후 사회 교과가 등장하면서 아이는 자신을 둘러싼 사회적 환경에 대해 이해하기 시작한다. 그리고 이런 바탕이 어느 정도 구축되고 난 이후에는 자연스럽게 다독을 하게 된다. 이 시기는 보통 초등학교 6학년 무렵이 된다.

하지만 우리나라 교육에서 대학 입시를 염두에 두지 않을 수가 없다. 중학생이 되면 본격적인 입시 레이스를 시작하게 될 거고, 현실적으로 책 읽을 시간을 확보하기가 어렵다. 그로 인해 책과 대학, 둘 중 하나를 선택해야 한다면 일단 발등에 떨어진 불인 대학부터 해결해야 하지 않겠는가. 이런 현실에 한술 더 떠 중학교 권장 도서는 청소년 도서를 건너뛰고 바로 성인 도서를 추천하기도 한다. 슬프지만 이게 중학생이 된 아이가 만나게 될 독서 환경이다.

그래서 초등학교 3학년 이후 아이들의 다독 전환은 지금까지의 발달 과정과는 다르게 어른의 인위적인 개입을 통해 선행하는 게 현실적으로 유리하다. 누구보다 빠르게 배경지식을 확보하고, 다독 전환을 이루며, 읽기 책의 난도를 끌어올리는 일들이 진행되어야 한다.

마음이 급하다고 해도 이 부분은 미리 시작할 수 없다. 모두 동일하게 3학년 출발선에 서게 되는 거고, 여기서 누가 더 빨리 뛸 수 있냐는 기초 체력인 정독 습관, 작업 기억의 활성화 이 두 가지에 달려 있다.

배경지식, 어떤 순서로 확장할 것인가

화랑의 경우 초등학교 3학년이 되면 본격적인 다독 전환과 도서 난도를 높이기 위한 교육을 시작한다. 그 첫 번째 관문은 배경지식을 만드는 일이다. 이때 무턱대고 마구잡이로 지식을 확장하기보다는 우선 어떤 순서로 접근할지 생각해볼 필요가 있다.

화랑에서는 아이를 둘러싸고 있는 물리적 환경인 지리 개념을 이해하는 것을 시작으로, 이 바탕 위에 사회·문화에 대한 개념을, 또 그 위에 경제·법·정치의 개념을 순차적으로 가르친다. 보통 이 과정은 초등학교 3학년 시기에 1년의 시간을 투자해서 이루어지고, 이런 기본 개념에 대한 이해가 어느 정도 정리되면, 이후에는 지금까지 배운 새로운 개념을 복합적으로 적용해보는 심화 과정을 진행한다.

이렇게 아이를 중심으로 한 '횡'의 방향으로 세상에 대한 이해를 확대하고 난 후에, 초등학교 4학년 중반부터 시간이라는 '종'의 방향인 역사에 대한 이해를 추가한다. 세상은 거대하고 아이

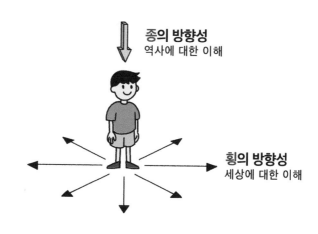

종횡으로 확장되는 지식 교육법

들이 알아야 할 배경지식은 방대하다. 그렇기 때문에 배경지식을 확보해줄 때 일관된 방향성을 갖고 접근하는 건 상당히 효율적이다. 가정에서도 이런 순서로 배경지식을 늘려가는 계획을 세우면 좋다.

두 번째로는 가르치는 방법에 대해 생각해봐야 한다. 보통 지식을 알려줄 때는 지식을 설명한 책이나 영상을 보고, 선생님이나 부모님은 아이들이 이해하지 못한 어려운 내용을 잘 정리해서 설명해준다. 이를 통해 해당 지식을 이해한 후 암기하고, 문제를 푸는 방식으로 활용해보는 과정이 교육에서 가장 일반적으로 사용되는 지식 교육 방법이다. 대부분의 부모님은 학교나 학원에서 이런 식의 지식 교육을 받아왔다.

이 방법이 영 틀린 건 아니다. 하지만 앞서 설명한 지식이 만들어지는 원리에 대해 다시 한번 상기해보자. 냉장고에 배경지식이 많은 부자 아이로 만들기 위해서는 마트에서 식료품 사재기가 아니라, 감당할 수 있는 적은 숫자의 재료를 이용해서 제대로 요리(지식)를 해보는 경험을 반복하는 쪽이 훨씬 유리하다. 한마디로 지식을 인풋(확보)하는 것보다 아웃풋(활용)하는 것에 집중해야 한다. 이런 원리를 적용한 화랑의 지식 교육은 한두 가지의 핵심 개념을 목표로 정하고, 이를 확실히 이해하기 위한 다양한 응용 활동으로 구성되어 있다.

이때 하나하나의 '개념'은 국어사전에 나온 낱말 뜻풀이로는 단순해 보일 수 있으나, 그런 뜻풀이를 암기한다고 해서 해당 개념을 응용할 수 있는 건 아니다. 쉬운 예로 아이들이 위인전을 읽을 때 자주 보게 되는 '신분(身分)'이라는 단어는 국어사전에 '개인의 사회적인 위치나 계급'이라고 설명되어 있다. 이 개념을 제대로 이해하지 못하고 단지 뜻풀이만 암기한다면, 응용·확장된 개념인 '학생 신분, 신분증, 신분 상승, 신분 보장'과 같은 단어를 이해할 수 없다.

하지만 이 핵심 개념에 대한 이해가 잘되면 이후 파생되는 지식을 익히는 일은 무척 수월하다. 이건 눈사람 만들기로 생각해 볼 수 있다. 아이와 눈사람을 만들 때 부모님이 심혈을 기울여서 해줄 건 중심이 될 첫 눈덩이를 단단하게 만들어주는 일이다. 이걸 아이에게 건네주면 이후 눈밭 위에서 이리저리 신나게 굴리며 큰 눈 덩어리를 수월하게 만들어낸다. 이처럼 아이에게 핵심 개념을 잘 이해시키면 이후 책을 읽거나 TV, 유튜브, 여행 등 다양한 삶의 경험을 통해서 눈덩이 불리듯 수월하게 지식을 확장해나갈 수 있다.

이를테면 '정치'에 대한 지식을 넓혀나가는 데 있어서 중심이 될 개념은 '민주주의, 정당, 투표, 행정부' 같은 단어에 담겨 있다. 이런 개념어를 국어사전에 나온 설명대로 외운다고 해서 진짜 이해한 건 아니다. 그러니 한 번에 한 가지씩 순차적으로 개념을 반영한 경험을 만들어주는 것이 필요하다.

'행정부'라는 개념을 이해시키기 위해서 아이들에게 국토교통부 장관 청문회를 진행해보게 할 수 있다. 이때 아이들은 여당과 야당의 두 팀으로 역할을 나누고, 장관 후보자는 학원 선생님이나 부모님이 담당한다. 청문회가 시작되면 아이들은 진지하고 열정적인 태도로 지금까지 자신의 냉장고에 넣어두었던 배경지식을 활용한다.

인상적이었던 청문회 내용을 한 가지 소개해보자면, 여당 소속 아이가 장관 후보자에게 "후보자님 운전면허증 있어요?"라는 질문을 던진 적이 있는데, 후보자는 아직 없다고 대답했다. 그러니 여당 소속 아이는 "국토교통부 장관이 운전면허도 없다는 건 교통에 관심이 없는 겁니다. 자격이 없어요"라고 공격했다. 하지만 이 말을 들은 야당 소속 아이가 "국토교통부 장관은 자가용보다 대중교통에 대해 더 잘 알아야 하므로 버스와 지하철을 타는 후보자가 더 적합한 사람입니다"라며 자기 당 후보자를 방어해줬다. 아이 중에는 수업이 끝나고 집에 가서 오늘 학원에 진짜 장관 후보자가 왔다고 자랑하는 경우도 많다. 이같이 열정적으로 참여해본 청문회 경험은 아이들로 하여금 '행정부'에 대한 기본 개념을 만들어주고, 정당정치와 행정부 각 기관의 역할 등에 대해 흥미를 갖게 만든다.

수업의 역할은 여기까지다. 흥미는 누구보다 훌륭한 선생님이 되어 아이가 해당 분야에 대한 지식을 수집하게 만들 테니 말이다. 화랑에서 연구·개발한 이 같은 수업 방식을 TPLtalk play learning 교습법이라고 부른다. 가정에서는 이런 디테일하고 규모 있는 활동을 기획하기 어렵겠지만, 중요한 건 어떤 분야를 가르칠 때 중심 개념에 대한 이해와 흥미 두 가지를 목표로 해야 한다는 공식이다.

아는 걸 입 밖으로 깨내보는 연습

오래전 초등학교 5학년 남자아이들의 토론 수업을 할 때였다. 갑자기 세훈이라는 아이가 불쑥 엉뚱한 소리를 했다.

"버마의 아웅산 수치 여사도 군사 통치에 반대하는 8888항쟁에 참여해서 군부의 부당함을… 민주 연맹을 창당하고… 네윈 장군을 물러나게…."

대략 이런 내용이었던 것 같다. 그런데 이건 당시 토론 주제와 관련성이 1퍼센트도 없는 길고 장황하기만 한 얘기였다. 무슨 말인지 도무지 모를 소리에 나뿐만 아니라 아이들까지도 순간 모두 함께 멀뚱해졌다. 발언을 한 세훈이 자신도 제대로 알고 있는 것 같지 않았다.

그러나 나는 재빨리 "와~ 세훈이가 이런 어마어마한 배경지식을 사용하다니. 여기서 아웅산 수치 여사를 예로 든 건 정말 신의 한 수였어. 이건 진짜 강력한 공격이야"라고 세훈이를 추켜세웠다. 아이들은 아웅산 수치가 누군지, 버마가 뭔지는 하나도 몰랐겠지만, 내가 모르는 멋진 지식으로 선생님의 극찬을 받은 세훈이가 무척 부러웠을 것이다.

그 이후로 한참 동안 아이들 토론은 정말 가관이었다. 꼭《이솝우화》에 나온 뽐내기 대회에서 1등을 하려고 남의 깃털을 덕지덕지 달고 나타난 까마귀 떼처럼 토론 주제와 상관없는 어려운 배경지식들을 마구 난사했다. 하지만 뭐 그래도 상관없다. 이렇게 경쟁적으로 배경지식을 쌓다 보면 결국 아는 게 많아질 테니까. 그리고 그렇게 유식한 사람으로 거듭나다 보면 언젠가 상대가 근거로 제시한 지식이 무슨 말인지 알아듣게 될 날도 오게될 테니. 그때가 되면 가르쳐주지 않아도 스스로 적절한 근거에 대해 판단할 수 있을 것이다.

이처럼 맞든 틀리든 일단 알고 있는 지식을 입 밖으로 꺼내 사용해보는 일은 아이들로 하여금 지식이 필요한 현실적인 이유가 되고, 나아가 배경지식을 만들어야겠다는 동기부여가 된다. 그렇기 때문에 배경지식을 확장하는 데 있어서 지식을 사용해볼 수 있는 장을 꾸리는 것은 지식을 수집하는 것보다 훨씬 중요한 일이다. 그리고 그중에서도 토론은 독보적인 동기부여가 된다.

토론할 때 아이들은 그 어느 때보다 열정적으로 자신의 배경지식을 사용해볼 수 있다. 이때 아이들이 사용한 지식이 적절한지 아닌지에 대해서는 굳이 따질 필요가 없다. 꼭 제대로 알고 있는 것만 심사숙고해서 정확하게 말해야 한다면 애초에 교과 진도를 뛰어넘는 배경지식 수집은 모두 중·고등학교 이후로 미뤄둬야 할 일이다. 이 시기의 토론은 예행 연습이며 놀이의 한 형태일 뿐이다. 아이가 장차 커서 사회인이 되고, 타인과 소통하는 것과는 좀 다른 문제이니 잠깐 토론이 엉망이 된다고 해도 크게 걱정할 필요가 없다.

관건은 토론의 장을 어떻게 만들어줄지의 문제다. 독서 토론을 주로 하는 학원을 보내는 것도 방법이겠지만 동네 친한 부모님들과 상의해서 토론 팀을 꾸려보는 것도 좋다. 토론 팀 인원은 3~5명 정도로 꾸리고 날짜와 장소를 미리 정해 정기적으로 진행한다면 훗날 아이들에게 특별한 기억이 될 것이다. 한 가지 주의할 점은 토론의 경우 다소 어려운 점이 있으니 아이들에게 자율적으로 모두 맡기기보다 주제 정하기와 사회는 부모님이 맡아주는 게 좋다.

공부 잘하는 아이로 자라는
첫 허들 넘기

아이들의 성장과 교육에 있어서 10세는 정말 특별한 도약의 시간이다. 지금까지 교육은 10세의 터닝 포인트에서 성공하기 위한 준비 과정이라고 말해도 과언이 아닐 거다. 이유는 이 시기가 지금까지 아이를 움직인 아동기의 특징을 벗고 어른의 능력으로 급격한 변화를 시작하는 때이기 때문이다. 마치 수채가 잠자리로 변하는 그 시작점이라고도 볼 수 있다. 이 시기에는 학교 교육도 확연히 달라진다.

일단 교과 과목이 늘어나고 사용하는 어휘량도 급속히 늘어난다. 초등학교 교과서 어휘량을 살펴보면 우선 1학년에는 4,300단어가 사용되다가 이후 2학년에는 약 5,800단어로 1,300단어 정도가 완만히 증가한다. 그런데 대부분 쉬운 일상어 위주라 여기까지는 아이들도 큰 어려움을 느끼지 않는다. 하지만 초등학교 3학년이 되면 갑자기 4,300단어가 늘어난 1만 300단어로 사용 단어가 급격히 늘어나고, 이후부터는 1년에 1,000단어 정도로 증가 추세가 다시 완만해진다. 하지만 3학년부터 새롭게 등장한 어휘들은 대부분 낯선 개념어이기 때문에 아이는 급격하게 교과서 읽기의 어려움을 체감하게 된다.

초등학교 3학년에 갑자기 늘어나는 어휘량은 소위 공부 잘하는 아이가 되기 위해 넘어야 할 일종의 첫 번째 허들이라고 생각할 수 있다. 아이는 최종 입시 관문을 통과할 때까지 수많은 허들을 넘어야만 한다. 그러니 첫 허들부터 발이 꼬여 넘어지게 만들 순 없다. 더구나 요즘은 문해력의 중요성이 부각되면서 어휘에 대한 관심이 증가하고 있다. 이런 트렌드를 반영하듯 최근 중고등학교 국어 시험에서도 어휘 문제가 강화되는 추세다.

어휘에 대한 걱정이 부쩍 많아진 학부모님들에게 어휘력을 높이기 위해서 어떤 문제집을 풀어야 하냐는 질문을 자주 듣는다. 하지만 앞서 장기 기억의 저장 원리에 대해 설명한 바와 같이 어휘력도 단순 암기나 문제 풀이를 반복한다고 해서 좋아지지 않는다. 더구나 어휘력이라는 말 자체가 '능력'을 뜻하는 단어지, '양'을 뜻하는 단어가 아니다.

문제 풀이로 어휘력을 키우려는 부모님들에게

어휘력은 '어휘량, 어법 이해, 어휘 활용' 이 세 가지를 합친 단어로, 어휘에 대한 총체적인 능력을 뜻한다. 그러니 굳이 따지자면 어휘량은 어휘력을 구성하는 구성 요소 중 하나인 것이다. 이중 다소 낯선 단어인 어법 이해 능력은 '어휘 사용법을 이해하는 능력'의 줄임말로 띄어쓰기, 문법과 같은 맞춤법을 뜻한다.

어휘량과 어휘력은 동일한 개념이 아님에도, 부모님들은 어휘력을 높이기 위해 어휘량에만 집중한 교육을 한다. 마치 영어 단어를 외우는 것처럼 국어 단어를 외우고 문제집을 풀리는 것이다. 하지만 국어에서 단어를 습득하는 일은 영어 단어를 외우는 것과 엄연히 다른 일이다. 국어에서 말하는 어휘는 '새로운 의미'를 습득하는 것이지만, 영어에서는 이미 알고 있는 의미를 다른 언어로 표기하는 방법을 습득하는 것이다. 그렇기 때문에 영어 단어 습득의 경우 이해의 영역이 아닌 암기의 영역에 속하는 일인 것이다.

국어 어휘를 영어 단어처럼 암기와 문제 풀이를 통해 공부한 아이의 경우 어휘력의 세 영역을 측정해봤을 때 어휘량은 높으나 그에 비해 어휘 활용 능력이 현저히 떨어지는 불균형한 모습을 보인다. 반대로 아직 편독의 단계에 머물러 있으나 정독률이 높은 아이들의 경우 어휘량은 낮은데 어휘 활용 능력은 높게 나타나기도 한다. 두 가지 경우 중 결국 높은 어휘력을 갖게 될 아이는 후자인 어휘 활용 능력이 높은 아이다.

결국 어휘 활용 능력은 작업 기억을 의미한다. 작업 기억이 활성화된 아이는 어휘를 기억의 냉장고에 보관하지만, 이 능력이 부족한 아이는 암기를 통해 임시로 어휘량을 늘려둔 것에 불과하다. 어휘 활용 능력이 없는 어휘량은 쉽게 휘발된다. 그러니 어휘력을 높이기 위해서는 어휘량 늘리기에 집중하기보다는 어휘의 의미를 제대로 이해하고, 활용해보려는 노력이 필요하다.

정리해보면 어휘는 단어만 뚝 떼어 따로 익히는 부자연스러운 방법보다는, 독서나 대화를 통해서 활용된 형태의 어휘를 접하는 방법으로 자연스럽게 수집하는 것이 좋다. 마치 낚시를 하는 것처럼 상황과 맥락 속에서 생생하게 살아 숨 쉬고 있는 선도 좋은 어휘를 바로바로 수집하는 것이다. 그리고 갓 잡아 팔딱거리는 어휘를 글쓰기나 말하기 등에 바로 사용해보는 게 베스트다. 다소 어렵거나 전혀 새로운 단어를 익혔을 때는 그 단어를 사용해서 말하거나 글을 쓰는 등의 놀이를 해봐도 좋다. 부모님이 먼저 말하고, 그다음에는 아이가 말하는 식으로 한 번씩 해봐도 좋고, 오늘 저녁 식사 시간에 가족 중 누가 제일 많이 활용해보나 게임을 해보는 것도 좋은 방법이다.

화랑에서는 아이가 수집한 새로운 어휘에 가격을 매기고 진짜 통장처럼 만들어진 어휘 통장에 저금해주기도 한다. 이 방법은 가정에서 활용해봐도 좋을 것 같다. 아이가 수집한 단어가 고급 어휘일수록 비싼 가격을 책정해주고, 쉬운 단어일 경우에는 낮은 가격을 부여한다. 이때 혼자 하면 재미가 없을 수도 있으니 가족이 함께 참여해서 경쟁을 유도해주거나, 자본주의 논리를 적용해서 저축액에 따른 고객 등급을 부여하고, 각 등급별로 서비스를 오픈해주는 것도 흥미를 유발하는 데 도움이 된다.

어휘의 수준이 달라지는 한자 교육법

어휘의 의미를 이해하는 데 있어 한자를 많이 알고 있는 건 절대적으로 유리한 일이다. 우리말 단어의 상당수는 한자어이기 때문에 낱글자 하나하나에 의미가 담겨 있고 이를 조합해서 단어의 뜻이 완성되는 경우가 많기 때문이다. 그러니 한자를 많이 안다는 건 응용할 수 있는 원재료를 많이 확보하는 것과 같은 일이다. 한자를 쓰는 것까지는 아니더라도 뜻과 음(소리) 정도만 알아뒤도 아이의 어휘력을 높이는 데 큰 힘이 된다.

한자 교육에 있어서 가장 좋은 방법은 어릴 때부터 꾸준히, 그리고 자주 접하게 하는 것이다. 그러기 위해서 평소 아이와 대화를 할 때 단어를 구성하는 한자음과 뜻에 대해서 설명해주는 것도 좋다. 그런데 이 방법은 어휘력뿐만 아니라 낯선 단어를 처음 접하는 아이 정서에도 도움이 되는 일거양득의 방법이지만 품이 좀 드는 일이긴 하다.

또 다른 방법으로 한자 어휘 관련 책을 읽히는 것도 좋다. 쉽게 구할 수 있는 전집 중에는 한국헤밍웨이에서 나온《하늘천 고사성어 한자 동화》시리즈와 그레이트북스에서 나온《내 친구 한자툰》시리즈가 있다. 꼭 이 책이 아니더라도 요즘은 한자를 쉽게 익힐 수 있는 좋은 한자 동화가 많이 나오고 있으니 서점에 갔을 때 한 번쯤 유심히 보길 바란다. 한자 어휘 관련 책은 도서관에서 빌려 읽기보다 집에 구비해두고 반복해서 보는 걸 추천한다. 책 난도를 떠나 아이가 중학생이 되어서 봐도 계속 얻을 게 있는 책이니 다른 동화책처럼 고학년이 되었다고 정리하지 말고 오래오래 아이 방 책장에 꽂아두어도 좋다.

한자의 경우에는 만화책으로 봐도 나쁘지 않다. 아직 정독 습관이 잡히지 않은 아이가 만화책을 보는 건 좋지 않지만 한자 만화책의 경우는 실보다 득이 크다.《마법천자문》은 화랑에서 저학년 아이들에게 권장하는 유일한 만화책이다.

또 다른 방법으로 한자 급수 시험을 목표로 해보는 것도 좋다. 하지만 이건 아이가 원하지 않으면 억지로 할 필요는 없다. 마지막으로 한자의 경우에는 문제집을 푸는 것도 좋다. 한자 어휘 문제집은 배운 한자를 여러 가지로 응용해보는 데 큰 도움이 된다. 아이가 부담스러워할 만큼 어려운 문제집보다는 쉽게 술술 풀수 있는 수준의 문제집을 사서 게임을 하듯 하루 한두 페이지씩 풀려보는 것을 추천한다.

최상위권 아이들이 가진
최강의 공부 능력

많은 학부모님이 사고력이 뛰어난 아이가 공부를 잘한다고 생각한다. 물론 초등학교 수준의 시험에서는 사고력만 있으면 손쉽게 좋은 성적을 얻을 수 있다. 그래서 유·초등학교 학부모의 눈높이에서는 사고력이 곧 성적이라고 생각한다. 하지만 중·고등학생 중에는 사고력은 또래보다 월등히 뛰어나지만 성적이 좋지 않은 아이가 생각보다 많다. 공부를 잘하는 데 있어 사고력이 뛰어나면 유리한 건 맞다. 하지만 이 둘이 반드시 같다는 공식은 잘못된 생각이다.

중·고등학교에서 성적을 좌우하는 건 의외로 지구력이다. 학교 시험은 아이들에게 그 지식을 알고 있는지를 묻는 과정이 아니라, 수업 시간에 선생님이 설명한 것을 알고 있는지 묻는 과정이다. 그런데 학교에서 이루어지는 수업이 항상 재미있지만은 않다. 이건 그냥 복불복 뽑기와 같다. 운이 좋으면 재밌는 선생님을 만나지만 운이 나쁘면 재미없는 선생님을 만날 수도 있다. 그리고 어떤 선생님을 만나든 무조건 설명을 듣고, 닥치는 대로 필기하고 암기한 아이가 좋은 성적을 얻는다.

이때 사고력이 뛰어난 아이들은 자꾸 선생님의 수업 능력과 교과서의 유익 여부를 객관적으로 판단하려고 든다. 그리고 기준에 못 미친다고 판단되면 교과 공부에 대해 부정적인 인식을 하게 되고 결국 공부에 대한 내적 동기부여의 동력을 상실하고 만다. 그럼 도미노처럼 공부에 흥미를 잃게 되고 성적은 당연히 안 나오는 악순환에 빠진다. 여기에 점입가경으로 자신이 받은 낮은 성적을 인정하지 않고 시험 문제의 가치마저 따지려 들기도 한다. 그렇게 점점 더 공부가 싫어지는 잘못된 늪에 빠지게 된다. 이 늪에서 헤어나오는 데는 적지 않은 시간이 걸릴 뿐만 아니라 그사이 아이에게 사춘기라도 오면 아이는 그야말로 어디로 튈지 알 수 없다.

공부 잘하는 아이들의 4가지 능력

그럼 이런 위험성을 제거하기 위해 사고력을 배제하고 지구력만 키워야 할까? 당연히 그건 아니다. 하지만 적어도 학교 공부를 위해 필요한 태도를 미리 전략적으로 심어줄 필요는 있다.

기본적으로 머리가 좋은 아이들은 손발이 게으르다. 머리와 입으로만 공부해도 충분하니 굳이 손발까지 나서는 수고를 안 하고 싶은 것이다. 수학을 할 때도 기초 연산 반복 같은 다소 시시하고 지루한 과정은 패스하고 성취감을 주는 사고력 문제를 머리로만 풀려고 든다. 다른 과목을 공부할 때도 마찬가지로 기본을 꼼꼼하게 암기하기보다는 적당히 이해하고 눈치껏 문제를 푸는 일이 많다. 이런 태도가 고착되면 다분히 지엽적인 부분에서도 문제가 출제되는 학교 내신 시험에 적응하지 못할 수 있다.

그래서 이런 아이들은 다소 고지식하게 공부하는 훈련을 할 필요가 있다. 기본기에 대한 부분은 지루하더라도 매일 습관적으로 반복하게 하고, 필기든 문제 풀이든, 밑줄 치기든 모든 방면에서 손을 써서 공부해야 한다. 이런 맥락에서 글쓰기 훈련은 지구력을 키우는 데 더할 나위 없이 좋은 방법이다. 짧막한 서·약술 쓰기가 아니라 1,000자 이상 긴 글쓰기를 꾸준히 하는 건 지구력과 더불어 집중력 향상에도 무척 도움이 된다.

지구력이 뛰어난 아이들끼리 경쟁했을 때, 그들만의 리그에서 더 높은 성적을 받는 아이는 사고력이 뛰어난 아이다. 어릴 때부터 꾸준히 갈고닦은 사고력은 지구력이라는 촉매가 있을 때만 빛을 발한다. 그럼 지구력과 사고력이 동급인 아이들이 경쟁했을 때 더 높은 점수를 얻는 것은 어느 쪽일까? 그건 바로 체력이 뛰어난 아이다. 하루 4시간을 집중할 수 있는 아이와 하루 10시간을 집중할 수 있는 아이가 경쟁하면 누가 이길지는 너무 뻔하지 않은가. 그럼 지구력과 사고력, 그리고 체력이 동급인 아이가 경쟁했을 때 최후의 승자는 누구일까?

그건 바로 독한 아이다. 이 독함을 우리는 '의지력'이라고 부

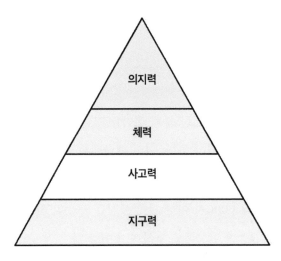

공부 잘하는 아이들의 4가지 능력

른다. 의지력이 강한 사람을 이길 수 있는 사람은 없다. 심지어 의지력은 다른 하위 위계를 건너뛸 수 있을 만큼 강력한 영향력을 발휘한다. 그래서 그 깡마른 여학생들이 체력이 어마어마한 남학생들에게 지지 않는 것이다. 대치동에서 26년 동안 소위 최상위권이라고 불리는 아이들을 가르쳐오면서 그 아이들이 자라는 과정을 세세하게 지켜봐왔다. 이 아이들에게는 바로 이 의지력이라는 공통점이 있었다. 이렇게 모든 걸 뛰어넘는 최강 아이템인 의지력은 어떻게 만들어지는 걸까?

아이들은 누구나 열등감의 시대를 지난다

어린 시절 대부분 아이들은 공주와 왕자가 나오는 이야기를 무척 좋아한다. 이유는 간단하다. 자신이 공주, 또는 왕자이기 때문에 내가 주인공인 이야기가 좋다고 느끼는 것이다. 그러다 7~8세 정도가 되면 남들 앞에서 공주님, 왕자님이라고 불리는 게 부끄럽다고 느낀다. 하지만 놀랍게도 그렇게 불리는 게 조금 부끄러운 거지 공주, 왕자가 아니라고 생각하지는 않는다. 단지 조금 컸기 때문에 남들에게 티 내고 싶지 않을 뿐이다.

이 시기 아이들의 사고는 매우 자기중심적이며 주관적이다. 그 결과 자기 자신에 대해 막연히 긍정적인 생각을 한다. 아이에게 부모님을 포함한 주변 사람들이 아이를 아주 귀엽고, 특별하고, 사랑스러운 존재라고 반복해서 말한 영향도 크다. 아이는 그 말을 모두 믿는다. 더욱이 공주와 왕자의 모습을 한 부모님의 결혼 앨범이 아이가 왕족 혈통임을 확인시켜주지 않았는가.

이런 주관성에 사로잡힌 시기는 발달에 있어서 정말 중요한 때이다. 이 시기 아이들은 손쉽게 자기 자신에 대한 긍정적 인식을 획득할 수 있고, 이를 통해 자존감을 견고히 다질 만한 충분한 시간이 주어진다. 아이는 자존감의 시대에 살고 있다.

한 시대가 막을 내리면 다음 시대가 시작된다. 영원할 것 같던 자존감의 시대를 살던 아이에게 초등학교 3학년 무렵부터 새로운 변화가 찾아온다. 객관적인 인식 능력이 조금씩 생기고 이로 인해 내가 세상에서 가장 귀엽고 멋진 존재라는 믿음에 대한 의구심이 생기기 시작한다. 이와 더불어 사회성도 성장하기 때문에 타인에 대한 관심과 관찰이 시작된다. 하지만 이 두 가지 능력은 잔인하게도 아이에게 매 순간 타인과 자신을 비교하게 만든다.

아이의 인생에 열등감의 시대가 열리는 것이다. 이 시기 아이들은 끊임없이 타인과 비교하며 자신을 비하한다. 중학교 3학년 주아는 무려 세 군데 영재고 필기 시험에 합격했는데도 불구하고 수학을 너무 못한다는 열등감에 사로잡혀 있었다. 아이의 생각을 들여다보니 친구 중 하나가 말 그대로 수학에 재능이 몰빵

된 천재였고, 주아는 번번이 그 아이와 자신을 비교하며 열등감에 사로잡혔다. 이렇게 열등감은 잘난 사람인지, 못난 사람인지와 상관없이 누구에게나 찾아온다. 열등감이 없는 사람은 없다.

이런 아이의 변화를 처음 마주한 부모님은 큰 충격을 받기도 한다. 그리고 아이가 어디선가 심각한 마음의 상처를 받았다고 생각하며 원인을 찾고자 발을 구르게 된다. 하지만 이건 지극히 자연스러운 성장의 과정이고, 아이는 지금 스치는 바람에도 열등감을 느끼는 때를 지나고 있다고 생각하면 된다.

아이의 의지력이 성장하는 과정

헤겔에 따르면 역사는 편안하고, 부족함을 느끼지 못하는 만족의 상태인 정(正)에서 출발한다. 그러다 도약해야 할 발전의 시기가 찾아오면 혼란이라는 반(反)의 상태로 변한다. 반은 시련의 시간이지만 이를 극복함으로써 한 단계 성장하게 되는데 이걸 합(合)의 상태라고 말한다. 다시 찾은 합의 평안함은 곧 다음 발전의 출발인 정의 상태다. 역사는 이런 정반합의 무한 반복을 통해 계속해서 발전해 나아간다.

아이들의 발전도 마찬가지다. 자존감의 시대는 만족의 상태인 정(正)의 상태이고, 이후 찾아오는 열등감의 시대는 반(反)의 상태인 것이다. 열등감은 아이에게 더 노력해야 하는 현실적인 이유와 목표를 제공한다. 그리고 자신을 사로잡고 있던 열등감을 극복함으로써 합(合)의 상태에 도달하게 된다. 이런 '정-반-합'이 반복되는 과정을 통해 아이는 계속해서 성장한다.

이 과정에서 주목해야 할 점은 열등감을 극복한 경험에 있다. 이 경험은 강력한 자신감이 되어 이후 더 큰 도전을 할 수 있는 힘이 된다. 이 힘이 바로 의지력이다. 의지력의 발전은 만화영화 〈드래곤 볼〉에서 특별한 구슬을 모으는 과정과 유사하다. 열등감이라는 괴물을 물리칠 때마다 의지력이라는 구슬을 얻고, 이 구슬이 차곡차곡 쌓여 전투 레벨이 올라가는 것이다. 그러니 아이에게 열등감이 찾아와도 근심할 필요는 없다. 오히려 아이가 진

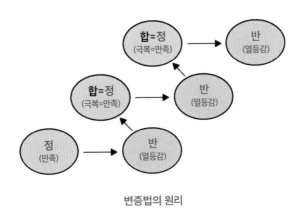

변증법의 원리

168

짜 성장을 시작한 것으로 보고 축복해야 할 일이다.

하지만 부모님 입장에서는 열등감의 시기에 아이가 느낄 혼란과 시련을 생각하면 마냥 기뻐할 수만은 없을 것이다. 더구나 열등감을 이겨낸다면 강력한 의지력을 얻게 되겠지만, 반대로 열등감에 매몰되어 버린다면 그것 역시 아이에게 찰싹 달라붙어 평생 떨어지지 않을 테니 말이다. 지금 나에게도 극복하지 못한 채함께 살아가고 있는 열등감들이 있지 않은가. 심지어 너무 많은 열등감에 사로잡혀 열등감 덩어리가 되어버리는 경우도 있다. 세상 무엇보다 소중한 내 아이가 열등감을 극복하지 못하고 계속해서 그 감정에 잡아먹히는 것은 생각만으로도 끔찍한 일이다.

그러니 아이에게 찾아올 열등감의 시대라는 혹독한 성장의 관문을 잘 이겨낼 수 있도록 미리 준비해줘야 한다. 열등감을 이겨내는 힘은 바로 자기 자신에 대한 긍정적인 믿음인 자존감에 있다. 이 자존감 만들기의 첫 단추이자 골든 타임은 자기 중심성이 강했던 어린 시절, 바로 아이가 공주님, 왕자님이던 시절이다.

10세 이전의 아이들은 세상을 주관적으로 인식하기 때문에 자신이 훌륭한 사람이라는 믿음을 밑도 끝도 없이 심어줄 수 있다. 굳이 이유를 설명해야 할 필요도 없다. 인간의 생을 통틀어 이렇게 손쉽게 자존감을 가질 수 있는 시기가 또 있을까?

하지만 이 시기 많은 학부모님들은 발전이라는 명목하에 아이

에게 팩폭을 날리기도 한다. 7세 아이가 영어 학원 레벨 테스트
에 떨어졌다고 눈물을 뚝뚝 흘리며 자기는 머리가 나쁜 아이라
고 자책하는 건 정말 일어나서는 안 될 안타까운 일이다. 이렇게
자란 아이는 열등감의 시기가 도래했을 때 싸울 힘이 없다. 그리
고 스스로 무언갈 해내고자 하는 의지력도 가질 수 없다.

유년기에 읽은 동화책도 강력한 자존감을 만들어주는 데 절대
적인 역할을 한다. 긍정적인 세계관과 결말을 담고 있는 동화에
자기 자신을 투영하기 때문이다. 언제나 당당하고 긍정적인 태도
로 시련을 이겨내는 주인공은 책을 읽고 있는 아이 자신이다. 주
인공의 극복은 아이의 극복이며, 그 자체로 자존감이 된다. 이것
이 바로 아이들에게 현실을 고스란히 담고 있는 소설이 아닌, 이
상적인 세상을 담고 있는 동화라는 장르를 읽히는 이유다.

아이의 멋진 신세계는 오로지 아이 자신의 힘으로만 만들어갈
수 있다. 그러나 자신의 열등감을 똑바로 마주하고 이겨낼 수 있
다고 믿는 아이는 어느 정도 부모의 영향으로 만들어진다. 부모
가 아이에게 자신의 모습을 투영해볼 수 있는 동화를 계속 제공
해주고, '너는 훌륭한 아이야'라는 믿음을 꾸준히 심어준다면, 이
것이 쌓여 아이의 자존감이 된다. 그리고 이 자존감은 훗날 우리
아이를 전교 1등으로 만들어줄 최강의 아이템인 의지력의 소중
한 밑거름이 된다.

PART 3

성적 초격차를 만드는
3단계 독서법

4장

1단계

초등 저학년,
"책 읽기는 재미있어"

자존감과 문해력을 키우는
그림 동화의 놀라운 힘

유아기 아이들의 정서는 유리처럼 약해서 쉽게 깨질 수 있다. 아직 객관적인 인식 능력이 발달하지 않아서 현실에서 느끼는 온갖 부정적인 감정을 이성적으로 처리하지 못하기 때문이다. 그래서 아이들은 자주 슬프다. 해 질 무렵이니 이제 그만 놀고 집에 가자고 말해도 슬프고, 아이스크림을 더 먹을 수 없다는 사실에도 슬프다. 급식으로 나온 우유갑 아래 적힌 숫자가 반 친구들은 모두 한 자리 숫자인데 자기만 10이었다며 하루 종일 시무룩한 아이를 본 적도 있다.

여기에 억울한 것도 무척 많다. 동생을 꼬집거나, 나쁜 말을 하는 등 혼날 짓을 하고도 혼내는 부모님의 태도를 납득하지 못한다. 단지 혼나는 상황이 두려우니 다시 그 행동을 반복하지 않을 뿐이지 잘못을 반성하는 건 아니다. 오히려 조금 전까지 친절한 얼굴로 나를 귀여워하던 부모님이 화를 내는 종잡을 수 없는 상황이 혼란스럽기만 하다.

아이의 정서는 이토록 연약하지만 그렇다고 크게 걱정할 필요는 없다. 이번에도 자연은 아이에게 자신을 보호할 수 있는 아주 강력한 방어 시스템을 미리 탑재해두었으니 말이다. 아동기의 특징인 무적의 상상력은 이렇게 탄생한 능력이다. 특히 그림 동화에 자신의 상황과 감정을 투영한 상상은 아이 마음을 강력하게 치유해줄 능력을 갖춘다.

아이의 정서를 책임지는 상담 치료사

부모님에게 혼났을 때 아이의 방어기제는 자신을 혼낸 부모와 귀여워하는 부모를 분리하고 서로 다른 존재로 여긴다. 그리고 자신을 혼낸 나쁜 부모는 그림 동화에 등장하는 마녀 또는 괴물에게 투영해서 통쾌한 복수를 한다. 그럼 아이의 마음에는 다시 자신을 사랑해주는 좋은 부모님만 남게 되고 온전히 부모님을 사랑할 수 있다.

그러니 지금까지 우리가 읽어준 동화책에 등장했던 마녀, 괴물, 계모 등 온갖 악당은 모두 부모님이었던 것이다. 이렇게 동화는 오랜 시간 동안 아이의 부정적인 감정을 깨끗하게 털어주는 상담 치료사로 아이 곁에 함께했다. 더구나 부작용 걱정조차 없으니 정말 대단한 명의가 아닐까.

그림 동화가 아이의 정서에 미치는 영향은 이 밖에도 많다. 동화는 항상 아이에게 용기를 북돋아 준다. 동화에서 문제를 해결하기 위해 필요한 것은 용기 하나면 족하다. 그럼 모든 일이 척척 해결된다. 더구나 그림 동화에 등장하는 착한 요정 또한 언제나 주인공의 편이다. 세상의 법과 원칙도 모두 정의로운 심판자가 되어 주인공을 승리로 이끌어준다.

동화의 다소 판에 박힌 결론이 시시하게 느껴질 수 있겠지만 아이들에게는 세상을 신뢰하는 데 있어 무엇보다 중요한 과정이다. 아이는 그림 동화에 자신을 투영해서 매일 용기를 내보고 어려움을 극복하고 이를 통해 자신감을 얻는 과정을 반복하며 단단한 아이로 성장해나간다. 이렇게 그림 동화는 아이의 정서를 깨끗하게 정화해주고, 자존감을 만들어주는 고마운 존재다.

이 밖에도 아이들은 그림 동화를 통해 모험하고 갈등을 해결하며 이루고 싶은 소망을 성취하기도 한다. 타인을 존중하고 배려하는 자세를 배우고, 모든 변하는 것들과 잃어버린 것들에 대해 느끼는 상실의 슬픔을 극복하기도 한다. 또한 꿈에 대해 고민해보며, 자아실현의 무대가 되기도 한다. 자신의 정체성에 대해 생각해볼 수도 있다. 그림 동화를 너무 만병통치약처럼 여기는 게 아니냐고 반문할 수 있겠지만 이 모두가 그림 동화의 능력임은 부정할 수 없는 사실이다. 아이들은 그림 동화를 보는 과정을 통해 자신의 감정을 들여다보고 현실에서 타협하는 법을 터득한다. 그리고 현실을 잘 살아갈 수 있는 강하고 지혜로운 사람으로 매일매일 거듭나고 있는 것이다.

그림 동화의 또 다른 힘, 이미지 리터러시

과거에는 대부분 정보가 텍스트에 의존해서 전달되었다. 하지만 인터넷이 널리 보급되면서 인간은 지난 4,000년 동안 사용해오던 정보 전달의 체계를 완전히 바꿔버렸다. 지금까지의 물리적인 제약은 대부분 사라졌고 이제 사람들은 언제든지 다수의 사람들에게 소리, 이미지, 텍스트 등의 메시지를 손쉽게 전달할 수 있게 되었다. 이런 사회를 정보화 사회라고 부른다.

이렇게 바뀐 리터러시 환경에서는 많은 정보가 텍스트가 아닌 이미지, 혹은 영상(이미지+소리)으로 만들어진다. 비유하자면 나치 독일 치하에 좁은 집에 숨어 살던 안네는 글자로 된 일기를 썼지만, 현대의 안네는 인스타에 사진을 업로드한다. 이렇게 이미지 정보를 잘 만들거나 읽어낼 수 있는 이미지 리터러시 능력은 텍스트 리터러시 능력(문해력)보다 현대 사회에서 유용한 재능이 되고 있다.

이런 시대 흐름을 일찍이 간파한 오바마 전 대통령은 재임 시절에 이미 이미지 리터러시 교육의 중요성을 강조한 바 있다. 생각해보자. 미래를 살아가야 하는 우리 아이들에게 활자와 그림 중 무엇이 더 중시되어야 할까? 물론 그렇다고 해서 텍스트 리터러시 능력의 유용함을 부정하는 건 아니다. 이 능력은 사고력 발달에도, 좋은 대학에 가는 데 있어서도 절대적으로 필요하다. 단, 아이가 세상과 소통하고 영향력 있는 사람으로 발돋움하는 데 있어서는 분명 이미지 리터러시도 간과할 수 없는 중요한 능력이다.

그림 동화는 아이들이 가장 자연스럽게 접할 수 있는 이미지 리터러시다. 하지만 많은 사람들이 그림 동화의 삽화를 유아기 아이가 타던 네발자전거의 보조 바퀴처럼 생각한다. 아직은 미숙한 독서가이기 때문에 삽화가 있는 그림 동화를 읽지만 숙련된 독서가로 성장하게 되면 보조 바퀴를 떼는 것처럼 삽화가 없는 줄글 책을 읽게 되는 거라고 여긴다.

그러나 이미지 리터러시의 위상이 달라진 만큼 이제 그림 동화는 줄글 책을 보기 전, 잠시 머물러 가는 유년기 독서의 수단이 아닌, 이미지에 담긴 메시지를 읽어내고 창조해내는 예술 감각을 일깨워줄 중요한 수단으로 여길 필요가 있다.

엄마표 이미지 리터러시 교육법

화랑의 저학년 교육 과정에서는 이미지 리터러시를 무척 중시한다. 대표적으로 아이들과 함께 삽화에 그려진 인물의 표정과 행동을 보며 인물이 느끼는 감정과 살아온 삶, 가치관에 대해 이해해본다. 또한 작가가 삽화에 숨겨둔 상징을 찾아보고 이를 통해 작품의 주요 메시지를 읽어내기도 한다.

대표적인 사례 몇 가지를 들어보면 우선, 전쟁터에서 도망친 장군과 변함없이 자신의 역할을 묵묵히 해내는 농부의 이야기가 담긴 창작 동화《장군님과 농부》(권정생, 창비)에서는 큼지막하게 그려진 투박한 농부의 손을 보며, 농부가 살아온 삶에 대해 질문한다. '왜 이렇게 굳은살이 생긴 걸까? 흉터는 무엇 때문에 생기게 된 걸까?'에 대해 친구들과 이야기를 나누고, 고사리 같은 아이들의 손과 농부의 손을 비교해본다. 이후 세상에는 많은 손이 있는데 농부와 비슷한 손을 가진 사람은 누가 있을지 찾아보기

창작 동화《장군님과 농부》, 농부의 손 그림

도 한다.

두 번째 사례, 현재 우리가 알고 있는 지하철 노선도를 디자인한 디자이너 비넬리에 대한 인물 동화인《마시모 비넬리의 뉴욕 지하철 노선도》에서는 복잡한 과거의 지하철 노선도와 미니멀한 노선도의 디자인을 비교 감상해볼 수 있다. 그러고 난 다음 '미니멀'이 담고 있는 삶과 철학에 대해 이야기해본다. 이후 더 확장해서 각자의 디자인 취향에 대해 생각해보기도 하고, 미니멀이 필요한 곳을 찾아보는 등 실용 예술에 대한 자기만의 철학을 정립해볼 수 있다.

세 번째 사례, 추상화가인 바실리 칸딘스키에 대한 미술 동화인《소리를 그리는 마술사 칸딘스키》에서는 '추상화 특별 훈련 활동!'이라는 추상화 감상 훈련을 한다. 이때 1단계로 칠판에 빨간색, 파란색, 검은색 점을 찍고 감상한 후 서로의 느낌에 대해 이야기해본다. 이후 2단계로 불규칙한 직선, 불규칙한 곡선을 그리고 이런 선을 봤을 때의 느낌에 대해 감상해본다. 각각의 선에서는 어떤 소리가 들리는지, 어떤 계절을 표현한 거 같은지, 보고 있으면 어떤 기분이 드는지 등 떠오르는 경험에 대해 이야기를 나눈다. 이런 훈련을 통해 아이들은 예술 작품을 볼 때 사람마다 모두 다른 느낌을 받고, 나만의 메시지를 찾아가며 작품을 감상해야 한다는 점을 알 수 있다. 이런 기초 훈련을 마치고 난 후 본

칸딘스키의 대표 추상화, 〈구성 Ⅶ〉 (1913)

격적으로 칸딘스키 추상화 감상을 하게 되는데 아이들은 소리를 그림에 담아 시각적으로 표현한 칸딘스키와 교감하며 작품의 소리를 귀 기울여 듣는 특별한 경험을 하게 된다.

마지막으로, 철학 동화인 《벽타는 아이》(최민지, 모든요일그림책)에서는 아이들이 직접 세상에 대한 진실을 알려주는 뉴스를 만들고 앵커가 되어 발표해본다. 작품의 배경인 '보통 마을' 사람들은 높은 담 안에 스스로를 가두고 세상에 대한 정보를 단절한 채 살아가는데, 이 마을의 '보통'이라는 이데올로기는 자유와 개

철학 동화 《벽타는 아이》, 앞 면지

182

성을 억압하고 통제하는 수단이다. '보통 마을'에서 벽을 타는 사람은 탄압의 대상이 되는데. 이들은 벽 너머 세상의 진실을 볼 수 있는 지성을 상징한다. 이같이 다소 무거운 주제를 다룬 작품임에도 동화스러운 귀여운 관점과 표현이 돋보이는 작품이다. 결말에 드러나야 할 핵심 메시지를 앞 면지 삽화를 통해 미리 알려준 후 이야기를 시작하는 독특한 구성도 눈길을 끈다.

갖가지 다양한 미술 기법으로 표현된 예술성 높은 삽화의 그림 동화를 읽어보고, 작가가 삽화에 정성스럽게 담아둔 크고 작은 메시지를 마치 숨은그림찾기를 하듯 읽어내며, 나를 투영해보는 훈련은 아이들의 미래에 큰 아비투스(문화자본)가 될 것이다. 그러니 오늘 저녁에는 아이와 함께 그림 동화의 삽화를 공들여 읽고 대화해보는 시간을 가져보는 건 어떨까.

좋은 그림 동화를 고르는
7가지 기준

요즘 출판 시장에는 정말 좋은 동화가 봇물 터지듯 쏟아져 나오고 있다. 이 같은 아동 출판 시장의 활성화는 정말이지 두 팔 벌려 환영할 만한 소식이다. 여러 작가가 아이들을 위해 혼신의 힘을 쏟아 만드는 동화는 대부분 좋은 책들이다.

하지만 부모님 입장에서는 너무 많은 선택지 앞에서 모든 책을 다 읽힐 수는 없으니 조금이라도 더 좋은 책을 읽히기 위해 수많은 책 사이에서 매일 고민하게 된다. 기본적으로 그림 동화를 선택하는 최고의 방법은 다양한 책을 시도하며 내 아이의 관심에 맞는 책을 선정하는 것이다. 그런데 이런 조언은 다소 막연하게 느껴질 수 있다. 동화 선정을 고민하는 학부모님들에게 도움이 되면 좋겠다는 마음으로 깐깐하게 양서를 고르는 화랑의 그림 동화 선정 기준에 대해 이야기해보겠다.

(삽화)

미술 기법을 다양하게 활용했는가?

앞서 말한 바와 같이 그림 동화의 주인공은 그림이기 때문에 좋은 그림 동화를 고를 때 '삽화의 예술성'은 첫 번째 고려 대상이다. 흔히 파스텔톤의 은은하고 아름다운 삽화가 좋은 그림 동화의 조건이라고 말하기도 한다. 하지만 화랑의 기준은 이런 정답을 찾기보다는 되도록 다양한 미술 기법으로 표현된 삽화를 경험하게 해주는 데 방점을 둔다.

이를 위해서 새롭거나 독특한 이미지의 삽화가 있는 동화는 일단 좋은 책으로 분류한다. 시각적으로 매력적인 동화라면 내용의 완성도 여부를 떠나 읽어볼 가치가 있다고 판단한다. 더구나 삽화에 공들인 동화가 내용이 아쉬운 경우는 흔치 않다. 여기에 기본적으로 이미지가 매끄럽게 읽히는지 여부와 삽화의 개연성, 이야기와의 조화도 중요한 요소로 본다. 잘 만들어진 동화는 텍스트의 내용과 이미지가 따로 놀지 않고, 장면들의 연결 또한 어색하거나 겉돌지 않는다. 그리고 삽화의 표현 방식이 작품의 전체 메시지와 조화롭게 어울린다.

또 여러 색을 굳이 화려하게 사용하지 않더라도, 한두 가지의 단순한 색채를 활용한 삽화도 무척 좋다. 이런 동화는 주로 색채의 대비를 통해 의도한 메시지를 전달하거나 강조한다. 절제된 표현에도 불구하고 스토리를 진행해나갈 힘이 충분한 동화는 아이의 미적 감각을 크게 성장시켜준다. 요즘은 AI가 그림을 그리기도 하는데 이런 AI 그림은 대부분 함축적으로, 절제된 표현을 하기보다는 과하다 싶을 정도로 꽉 찬 이미지를 한 페이지에 담는다. 하지만 예술적인 삽화는 최소한의 절제된 이미지를 통해 작품의 메시지를 창의적으로 담아낸다.

삽화가 매력적인 대표적인 동화로는 다비드 칼리의 《나는 기다립니다》, 엠마 줄리아니의 《나, 꽃으로 태어났어》, 맥 바넷의 《동그라미》, 로렌 롱의 《노란버스》, 앤서니 브라운의 《나의 프리다》, 브라이언 와일드스미스의 《부자와 구두장이》, 박보영의 《이안의 특별한 모험》 등이 있다.

등장인물의 경우 작가의 의도라면 사실적으로 묘사돼도 좋겠지만 기본적으로 동화의 가독성을 방해해서는 안 된다. 예를 들면 사람을 잡아먹는 무시무시한 호랑이를 골탕 먹이는 내용의

《나, 꽃으로 태어났어》　　《동그라미》　　《노란버스》

《나의 프리다》　　《부자와 구두장이》　　《이안의 특별한 모험》

삽화가 매력적인 동화

동화에서 호랑이가 너무 크거나 사실적으로 묘사되기보다는 호
랑이를 혼내줄 주인공보다 살짝 큰 정도로 각색된 편이 더 안정
적인 묘사다. 여기에 등장인물 하나하나의 표정이 생생하게 살
아있는 생동감 있는 삽화가 좋다. 그런데 이 중에서 호랑이, 마녀
같은 악역은 두려움이 느껴질 만큼 무섭게 묘사되기보다는 다소
우스꽝스럽게 희화된 묘사가 좋다. 이런 각색은 아이들에게 악은
두려운 존재가 아니라 우리가 용기 내면 충분히 물리칠 수 있는
대상이란 걸 단단히 일러두는 장치가 된다.

당연한 말이겠지만 너무 무섭거나 잔인한 장면이 나오는 동화는 피하는 게 좋다. 그런데 무서움을 느끼는 기준은 아이마다 다르다. 겁이 많은 아이는 호랑이만 나와도 무섭다고 하고, 또 어떤 아이는 이빨이 무척 날카로워 보이는 공룡이 나와도 하나도 무섭지 않다고 한다. 우리 집 아이가 어느 정도 수위를 볼 수 있는지는 부모님이 가장 잘 알 것이다. 이 부분에 있어서 객관적인 기준은 중요하지 않으니 남들이 다 잘 보는 책이라고 해서 아이에게 억지로 읽힐 필요는 전혀 없다. 세상엔 아이가 읽을 좋은 동화가 산처럼 많으니 말이다.

텍스트

명확하고 쉬운 말로 썼는가?

두 번째로 살펴볼 부분은 텍스트다. 아이들은 아직 문장에 대한 이해력이 부족하다. 그렇기 때문에 명확하고 단순한 언어로 표현된 동화가 좋다. 이런 동화는 속도감 있게 쭉쭉 읽힌다. 반대로 문장이 장황하거나 메시지에 대한 설명이 구구절절 긴 동화는 좋은 동화라고 볼 수 없다. 가끔 삽화도 메시지도 모두 다 좋았는데 뜬금없이 작품 메시지를 길게 설명하는 장면이 사족처럼 등장하는 동화를 볼 때가 있다. 이 한두 페이지 때문에 동화의 가치는 급격히 떨어진다. 드라마나 영화를 볼 때도 뜬금없이 등장하는 장황한 설명은 작품의 예술성을 크게 떨어뜨리는데, 아이들이 읽는 동화라고 해도 별반 다르지 않다. 독자들은 작가가 은근히 숨겨둔 보물 같은 메시지를 스스로의 힘으로 찾아냈을 때 큰 즐거움을 느낀다.

　그림 동화의 경우 어휘에 대해서도 점검해보는 것이 좋다. 동화의 몇 페이지를 샘플로 읽어보고 너무 어려운 한자어가 쓰이지 않았는지, 아이들이 이해하기 편한 일상어로 쓰였는지 확인해보는 것이다. 고급 어휘가 많은 책은 욕심내서 읽어줘도 아직 어휘에 별 관심이 없는 아이들에게는 무용하다. 더구나 일일이 설명하면서 읽어줘야 하는데 이건 아이에게도 부모님에게도 무척 피곤한 일이다. 고급 어휘가 많은 책은 초등 3학년 이후에 읽어도 늦지 않다.

(세계관)

아름다운 세상의 모습을 보여주는가?

　아이들은 동화를 보면서 세상에 대한 긍정적인 믿음과 마음의 용기를 얻는다. 그렇기 때문에 동화의 세계관은 꼭 아름다운 모습이어야 한다. 이상적인 세상의 모습과 바람직한 가치관, 그리고 선이 승리하는 행복한 결말로 마무리되어야 하는 것이다.

이때 주의할 점은 어른의 눈높이가 아닌 아이의 눈높이에서 이상적인 세상의 모습이면 된다는 것이다. 가령 부모님이 영원히 내 곁에 있을 거란 사실에 대해 조그마한 의구심이라도 생기게 만든다거나, 세상이 위험한 곳일 수도 있음을 암시하는 내용이 나온다면 좋은 동화라고 할 수 없다.

반면 어른에게는 다소 잔인한 아동 학대로 보이는 장면이나 주인공인 깡패 고양이가 동물을 잡아먹는 장면은 아이들 눈높이에서 봤을 때는 전혀 잔인한 장면이 아니다. 아이도 그 작고 귀여운 입으로 저녁 식사 시간에 방금까지 친하게 인사했던 꽃게를 날름 먹어버린 적이 있지 않은가. 아이들에게 보여줄 아름다운 세상이란 결말이 이상적인 것이다. 마녀가 어린이를 괴롭혔지만 벌을 받는다면 그곳은 이상적인 세계이니 걱정할 필요가 없다.

(다양한 주제)
자존감을 강화해주는 내용인가?

동화는 이런 기본적인 세계관 위에 각기 다른 다양한 주제를 담고 있다. 자존감, 모험, 갈등, 소망, 자아실현, 꿈, 용기, 정체성, 상실의 극복, 상상, 윤리·규범 등 아이들에게 읽혀야 할 좋은 주제는 무척 많다.

이 중에서도 특히 자존감을 강하게 만들어주는 동화는 아무리 많이 읽어도 넘치지 않을 주제다. 대표적인 예로《난 황금 알을 낳을 거야》《작은 벽돌》《작은 조각 페체티노》《코끼리 스텔라 우주 비행사가 되다》《나보다 멋진 새 있어?》《물을 싫어하는 아주 별난 꼬마 악어》와 같은 동화책이 그렇다. 이런 동화는 아이들로 하여금 용기를 내고 도전하면 원하는 모든 걸 이룰 수 있다

《난 황금 알을 낳을 거야》

《작은 벽돌》

《작은 조각 페체티노》

《코끼리 스텔라
우주 비행사가 되다》

《나보다 멋진 새 있어?》

《물을 싫어하는
아주 별난 꼬마 악어》

자존감을 키워주는 동화

는 믿음을 갖게 한다. 또한 세상의 편견과 맞서며 잘못해도 뉘우치고 용서받는 주인공의 훌륭한 모습을 통해 아이들은 스스로가 얼마나 가치 있는 사람인지를 확인할 수 있다.

아이들은 이런 동화를 보면서 자신감 있는 아이로 성장해나간다. 더구나 아이들이 그림 동화를 보는 시기는 뜨거운 여름처럼 자존감을 쑥쑥 키워갈 수 있는 특별한 기회의 시기이다. 이때 그림 동화를 통해 자존감을 충분히 만드는 일은 곧 찾아올 혹독한 열등감의 계절을 누구보다 잘 이겨낼 수 있는 월동 준비가 될 것이다.

(메시지)
반전 메시지가 담겨 있는가?

메시지가 어떻게 담겨 있는지도 동화의 가치를 좌우하는 요소 중 하나다. 화랑에서 동화를 선정할 때는 메시지가 기발하게 담긴 동화를 선호한다. 뻔하지 않고, 허를 찌르는 반전이 담겨 있는 《내 모자 어디 갔을까?》《안돼!》와 같은 작품은 아이들을 유쾌하게 만들 뿐만 아니라 창의력을 자극해준다. 다소 어려운 퍼즐 게임처럼, 메시지를 쉽게 찾을 수 있는 책보다는 두 번, 세 번 읽어보면서 곰곰이 생각해봐야만 비로소 찾을 수 있는 《도시에 물이

《내 모자 어디 갔을까?》

《안돼!》

《도시에 물이 차올라요》

《움직이는 집》

《작아지고 작아져서》

《독재자 프랑코》

반전 메시지가 있는 동화

차올라요》《토요일의 기차》《움직이는 집》《작아지고 작아져서》
《독재자 프랑코》와 같은 작품도 좋은 책으로 여긴다.

국적

다양한 문화권의 모습을 보여주는가?

각기 다른 문화에 뿌리를 두고 있는 다양한 나라의 동화를 접
하게 해주는 것도 좋다. 우리나라에서 가장 쉽게 볼 수 있는 동화

는 한국, 일본, 미국, 영국, 프랑스, 독일 같은 소위 선진국의 동화다. 대표적으로는 독일 작품인《감정 호텔》, 이탈리아 작품인《뱅크시, 아무 데나 낙서해도 돼?》, 스페인 작품인《빨강은 빨강 파랑은 파랑》, 일본의 그림 동화《뭐 어때!》등이 있다. 선진국의 동화뿐 아니라 남미나 아프리카, 중동처럼 자주 접해보지 못한 다소 생소한 문화권 작가가 쓴 동화책을 읽혀보는 것도 좋다.

이라크 작가 아마드 아크바푸르의《잘했어, 꼬마 대장!》, 우루

《감정 호텔》

《뱅크시,
아무 데나 낙서해도 돼?》

《빨강은 빨강 파랑은 파랑》

《잘했어, 꼬마 대장!》

《완벽한 세상》

《집으로 가는 길》

다양한 문화권을 보여주는 동화

과이 작가 호이 베로카이가 쓴《완벽한 세상》, 이란 작가 세예드 알리 쇼자에가 쓴《거만한 눈사람》, 콜롬비아 작가 하이로 부이트가 쓴《집으로 가는 길》과 같은 작품은 제 3세계의 현실을 담담하고 따뜻한 시각으로 그려낸 동화로, 그야말로 화랑이 사랑하는 동화다. 신간 도서 선정 비율이 무척 높은 화랑에서도 이런 도서는 명작 고전처럼 꾸준히 선정되는 중이다.

(수상작)
세계적인 상을 수상했는가?

좋은 내용의 동화를 고르기가 영 까다롭다면 세계적으로 저명한 상을 받은 검증된 동화를 고르는 것도 좋은 방법이다. 세계적으로 가장 권위 있는 그림 동화 상은 안데르센, 칼데콧, 볼로냐 라가치, 이렇게 세 가지다. 그 외에도 케이트 그린 어웨이상, 에즈라 잭키츠상, 뉴베리상, 카네기상 등이 있다. 이런 상을 받은 작품은 우리나라에도 번역되어 출판되는 편이니 관심을 갖고 살펴보면 좋다. 최근 수상 작품으로는 칼데콧상 수상작인《간다아아!》《안녕, 나의 등대》, 안데르센상을 받은《내 이름은 자가주》《여름이 온다》등이 있다.

세계적인 상을 수상한 동화

안데르센상

《내 이름은 자가주》　《어느 날, 그림자가 탈출했다》　《여름이 온다》

칼데콧상

《안녕, 나의 등대》　《간다아아!》　《샘과 데이브가 땅을 팠어요》

볼로냐 라가치상

《마리들의 아주 거대하고 어마어마한 이야기》　《나무는 자라서 나무가 된다》　《누가 진짜 나일까?》

권장도서 목록을 신봉해선 안 되는 이유

《당신의 마음에 이름을 붙인다면》《나의 작은 아빠》《우리 아빠는 외계인》과 같은 동화는 주된 메시지가 아이가 아닌 동화책을 읽어주는 부모님을 향해 있다. 보통 이런 책들은 부모님과 아이가 함께 보도록 쓰였기 때문에 아이들이 봐도 상관없다. 하지만 간혹 겉모습은 그림 동화처럼 보이지만 실존주의 철학을 담고 있는 어른을 위한 그림책도 있다. 이런 책을 자칫 유아기에 보게 되면 좋지 않으니 주의할 필요가 있다.

《아무리 먹어도 배고픈 사람》은 대표적인 사례라고 할 수 있다. 책의 주인공 남자는 어머니의 다정한 손길과 사랑을 조금도 받지 못하고 자랐고, 이 감정의 허기를 뭐든 닥치는 대로 배 속에 넣어버리는 것으로 해소한다. 사람들은 그런 남자를 괴물이라며 손가락질했고, 그때마다 더 큰 허기를 느낀 남자는 결국 온 마을을 다 먹어치우고 어디론가 떠난다는 이야기다.

작품은 현대인의 애정 결핍과 인간소외 문제를 잘 표현하고 있다. 더구나 책은 샤갈의 그림을 오마주한 것 같은 초현실주의 화풍의 삽화와 리듬감이 탁월한 문장으로 구성되어 있다. 여기에 좋은 메시지까지 갖췄으니 그야말로 모든 면에서 뛰어난 그림책이라고 말할 수 있다.

그러나 이 책은 동화가 아니다. 동화는 이상적인 세상의 모습을 아이들에게 보여주기 위해 쓰인 책이다. 사람을 먹어버리거나, 죽었다거나 이런 잔인한 표현은 모두 문제 되지 않는다. 동화에선 흔한 상황이니 말이다. 하지만 불쌍한 남자가 끝까지 도움받지 못한 점, 사랑하는 여자인 '마리'까지 먹어버린 점, 주인공인데도 죄를 뉘우치거나 벌을 받지 않은 점 등은 전혀 이상적이지가 않다.

그저 지극히 현실 세계의 모순을 보여주며 문제를 제기하고 있는 책이다. 그러니 우연이라도 유아기 아이가 이런 책을 보게 되는 건 상상만으로도 아찔한 일이다. 하지만 충격적이게도 이 책은 그림 동화 전집 중 한 권으로 인기리에 판매되었다. 지금은 절판 도서라 독자들이 이 책을 살 리는 없겠지만, 분명 어린이 도서관 어딘가에 지금까지 남아 있을 수 있다.

이 책뿐만 아니라 '라가치상 수상 작가'라는 딱지를 붙이고 어린이 도서 코너에 인기리에 팔렸던 《누가 진짜 나일까?》와 같은 작품 역시 그림 동화인 것처럼 팔리고 있는 그림책이다. 물론 이 작품도 화랑 선정 도서일 만큼 무척 뛰어난 작품이다. 하지만 이런 작품은 적어도 이상적인 세계관을 만드는 중인 저학년 시기에 읽는 건 피해야 한다. 그러니 권장 도서 리스트를 활용하는 것도 좋지만 무조건 신봉하진 말고 내 아이가 읽기 적합한 도서인지 꼼꼼히 살피는 태도가 필요하다.

그림 동화를 고르는 부모님의 체크리스트

선정 요소	확인 사항
삽화	이미지가 매끄럽게 읽히는가?
	삽화에 개연성이 있는가?
	삽화가 이야기 내용과 조화롭게 연결되는가?
	한두 가지의 단순한 색채를 사용했는가?
	등장인물의 표정이 생생하게 살아 있는가?
	악역이 너무 무섭게 표현되기보다 우스꽝스럽게 희화되었는가?
텍스트	명확하고 단순한 언어로 표현되었는가?
	여러 번 읽어볼 만한 문장인가?
	어휘의 사용이 쉽고 다양한가?
	문장 구조가 이해하기 쉽도록 쓰였는가?
	충분한 전달력을 갖추고 있는가?
	책의 정서와 문체가 일치하는가?
메시지	교훈을 지나치게 강조하진 않는가?
	메시지를 두 번, 세 번 읽어보면서 곰곰이 생각해봐야만 비로소 찾을 수 있는가?
	뻔하지 않고, 허를 찌르는 반전이 담겨 있는가?

세계관	아름다운 세상의 모습을 보여주는가?
	세상에 대한 긍정적인 믿음과 마음의 용기를 주는가?
	아이의 눈높이에서 이상적인 세상의 모습을 그렸는가?
	바람직한 가치관이 담겨 있는가?
	선이 승리하는 행복한 결말인가?
주제	자존감, 모험, 갈등, 소망, 자아실현, 꿈, 용기, 정체성, 상실의 극복, 상상, 윤리·규범 등과 같은 주제를 담고 있는가?
	스스로가 얼마나 좋은 사람인지를 확인할 수 있는 내용인가?
	용기를 내고 도전하면 원하는 모든 걸 이룰 수 있다는 믿음을 갖게 하는가?
	세상의 편견과 맞서는 내용인가?
	잘못해도 뉘우치고 용서받는 훌륭한 모습이 담겨 있는가?
국적	각기 다른 문화에 뿌리를 두고 있는 다양한 나라의 동화인가?
	각 나라의 문화를 잘 담고 있는 동화인가?
수상작 / 수상 작가	안데르센상 수상작 또는 수상 작가인가?
	칼데콧상 수상작 또는 수상 작가인가?
	볼로냐 라가치상 수상작 또는 수상 작가인가?
	뉴베리상 수상작 또는 수상 작가인가?
	케이트 그린 어웨이상 수상작 또는 수상 작가인가?
	에즈라 잭키츠상 수상작 또는 수상 작가인가?
	카네기상 수상작 또는 수상 작가인가?
	한국 어린이 도서상 수상작 또는 수상 작가인가?

아동기에 전래·명작 동화를 읽어야 하는 이유

인간은 본래 선한 본성을 갖고 있을까? 악한 본성을 갖고 있을까? 이 같은 논쟁의 진리가 무엇이건 간에 내 자녀가 선한 마음을 갖고 주변 사람들과 조화롭게 어울리며 사랑받는 사람으로 성장하기를 바라는 부모님의 마음은 모두 한결같다. 이런 일을 가능하게 만드는 능력이 바로 윤리, 가치관, 규범 같은 태도다. 다소 고리타분한 단어로 여겨질 수 있겠으나 자신이 속한 사회가 추구하는 윤리관, 가치관을 함께하고 규범에 순응하고자 하는 태도는 상당히 중요하다. 우리 사회는 이런 태도가 잘 형성된 사람을 존경하지만, 반대로 잘 형성되지 못한 사람을 사회로부터 격리하곤 한다.

그런데 가치관과 윤리관은 지금까지 어떻게 전달되어 왔을까? 이 문제에 대해 프랑스의 철학자 푸코는 어린이집, 유치원, 학교와 같은 교육기관이 그걸 가르치는 역할을 한다고 말했다. 하지만 아동 교육기관이 없던 시절, 이를테면 삼국시대 초기라든가 그 이전 시대에도, 그 시대에 맞는 가치관이 전수되어온 걸 보면 콕 집어 교육기관만이 전수한 것은 아닌 것 같다.

전래 동화는 신뢰의 바탕을 만든다

선사시대 이래 오늘날까지 아이들에게 자국의 문화를 전수해온 건 바로 전래 동화이다. 우리는 책으로 만들어진 전래 동화를 접해왔지만, 전래 동화의 원래 모습은 책이 아닌 구술로 전해지는 이야기였다. 이야기는 인간이 이해하고 기억하기 쉬운 형태를 하고 있다. 사람들은 오랜 시간 동안 이야기에 자기 문화권의 가치관과 윤리관을 담아 입에서 입을 통해 전달해왔다. 우리 아이들 역시 전래 동화를 통해 우리 문화가 추구하는 인간상을 자연스럽게 배우고 그에 걸맞은 아이로 성장해나간다.

한 예로 《콩쥐 팥쥐》를 생각해보면, 엄마는 팥쥐만 예뻐하고,

콩쥐는 차별한다. 보통의 부모님이 아이들을 지극히 공평하게 대했을 때, 오히려 아이들은 차별받았다고 느낀다. 아이가 양육자에게 갈구하는 사랑은 나에게만 절대적인 사랑이기 때문에 누군가와 나누고 싶지 않다는 욕망이 반영되는 것이다. 거기에 새엄마는 콩쥐에게만 해결하기 어려운 힘든 과제를 주고, 동생 팥쥐에게는 아무것도 시키지 않는다.

아이의 입장도 똑같다. 엄마는 나에게만 해결하기 어려운 학습지, 영어 학원, 사고력 수학 숙제 같은 할 일을 준다. 그리고 동생은 놀기만 한다. 동생의 나이가 2세든 4세든 아이에게 그런 건 고려 대상이 아니다. 동생이 없는 아이의 경우도 마찬가지다. 언니에게는 뭐든지 새 걸 사 주고, 나에게는 언니가 쓰던 옷, 장난감을 준다. 그러니 콩쥐의 처지는 나와 정말 똑 닮았다.

그런데 생각해보면 이 동화에서 콩쥐의 태도는 지극히 비현실적이다. 보통 아이들은 이런 상황에서 화를 내거나 짜증을 부린다. 표현하건 하지 않건 말이다. 하지만 마을 잔치에서 한참 더 놀고 싶지만 집에 가야 했을 때도, 꽃신을 한 짝 잃어버렸을 때도 콩쥐는 결코 짜증내는 법이 없다. 그런 콩쥐의 고운 마음씨를 아주 잠깐 보고 어떻게 안 건지 영문을 알 순 없으나, 아무튼 그 마음씨에 반한 원님과 결혼하는 결말로 이야기는 막을 내린다.

《콩쥐 팥쥐》뿐만 아니라 선행의 가치를 가르치는 《은혜 갚은

까치》, 정직을 가르치는 《금도끼 은도끼》, 효에 대해 알려주는
《효심 깊은 호랑이》 등 모든 전래 동화에는 지난 수천 년의 시간
동안 우리 문화권이 추구해온 가치관과 윤리관이 담겨 있다. 그
리고 이 이야기는 아주 오랜 시간 입에서 입으로 전달되어 오늘
날까지 전해졌고, 이제는 전래 동화라는 책에 담겨 아이들에게
전파되고 있다.

그렇기 때문에 아이들이 전래 동화를 보는 건 그 문화권에서
신뢰받는 사람으로 성장할 수 있는 바탕을 만드는 일이다. 준비
물을 갖고 오지 않은 친구에게 기꺼이 연필을 나눠줄 수 있는 아
이와 내 걸 조금이라도 나누면 속이 쓰린 아이. 두 아이 중 누가
더 행복한 삶을 살아갈 수 있겠는가? 먼 미래는 차치하고 당장
누가 반회장이 될 확률이 높겠는가?

선악 구도가 가르쳐주는 것들

이런 필요성에도 불구하고 부모님들은 전래 동화를 편독하는
아이에 대해 불안함을 느낀다. 주요 이유는 전래 동화의 구조가
너무 단순한 권선징악 구조이며, 선악 구분이 지나치기 때문에
논리적이지 않다는 것이다.

예를 들어, 《흥부 놀부》를 읽을 때 동화는 흥부를 절대 선, 놀

올바른 일   옳지 않은 일

선   악

그림 동화의 논리 구조

부를 절대 악으로 규정한다. 하지만 세상에 순도 100퍼센트의 선 또는 악은 없다. 굳이 찾으려 든다면 신의 선한 마음, 어머니의 사랑 정도가 있겠지만 그건 처음부터 이 세상의 것이 아니라고들 하지 않는가. 빛이 있으면 그늘도 있는 것처럼 선에도 그 이면이 있는 거고, 악에도 다 사연이 있다. 이런 양면을 모두 고려해서 올바른 결론에 도달하는 것이 논리적 사고다.

동화에서 흥부는 형에게 모든 것을 양보하고, 형을 질투하지 않는 선한 측면이 있는 반면, 미래를 지혜롭게 설계하고 스스로 환경을 극복하고자 노력하지는 않는다.

놀부의 경우 부모님이 주신 모든 것을 동생과 사이좋게 나누지 않고 모두 독점했다. 그뿐만 아니라, 부자임에도 주위 사람들과 나누지 않고 욕심을 부린 악한 측면이 있다. 하지만 스스로 부자가 되기 위해 부단히 노력했고, 부를 계속 키워간 자수성가형

인물이라는 점은 본받을 만하다. 이런 점을 고려하지 않고 절대 선, 절대 악으로 나눈 것 자체가 동화의 논리적 결함이다. 이러니 부모님들은 장차 논리적인 판단력을 길러야 할 아이가 비논리적인 동화를 계속해서 보는 것이 옳은가에 대한 의구심을 떨칠 수 없다.

그런데 이런 흑백논리는 오히려 열 살 이전에 아이들이 전래 동화나 세계 명작 동화를 많이 읽어야 하는 중요한 이유가 된다. 이 시기 아이들은 객관적 사고를 하지 못할 뿐만 아니라 주로 이항 대립의 흑백논리로 사고한다. 그렇기 때문에 아이들에게는 한쪽이 선이면 반대쪽은 자연스럽게 악이 되는 것이다. 선과 악 사이에 중간이 있다는 걸 이 시기 아이들은 아직 이해할 수 없다. 그렇기 때문에 흑백논리로 구성된 전래 동화의 전형적인 구조는 아이들에게 있어서 오히려 더 납득되는 세계가 된다.

논리적 판단만 자라날 때의 부작용

자칫 이 시기 아이에게 논리를 선행하려는 목적으로 "흥부가 아무리 형한테 양보했어도 스스로의 힘으로 가족을 책임지려고 했어야지. 그리고 놀부가 부자가 되기 위해 무척 노력한 점은 옳은 태도야"라고 한다면 어떨까? 아직 논리가 발달하기 이전이라

이항 대립의 사고를 하는 아이는 '아! 놀부의 행동이 옳은 거구나'라고 학습하게 된다. 하지만 그 반대편에는 '노력하지 않는 사람은 괴롭혀도 되는구나'라는 생각이 세트처럼 따라온다. 그 결과 아이는 가치관에 큰 혼란을 느끼게 될 것이다.

이항 대립의 독특한 사고 체계 역시 하얀 도화지 같은 아이에게 선한 심성의 바탕을 심어주기 위한 자연의 의도된 설계다. 헷갈릴 일 없이 선한 것은 절대 선이고, 악한 것은 절대 악이었을 때 아이는 악을 멀리하고 선을 추구한다.

생각해보자. 아이의 논리력이 무척 강해서 모든 것이 옳은지 틀렸는지를 판단하고자 한다. 하지만 우리가 살아가는 현실 세상이 정말로 논리적인 곳인가? 억울한 일을 당했지만 참아야 할 때도 많고, 손해가 되는지 알지만 양보할 줄 아는 태도도 필요하다. 단돈 100원을 손해봤다고 부들부들 떨고 어쩔 줄 몰라 하며 하루의 기분을 모두 망치는 사람을 본 적이 있을 것이다. 내 아이가 그런 부류의 판단력이 뛰어난 사람으로 크길 원하는가?

사람들 중에는 단지 논리를 위한 논리를 찾는 사람이 있다. 소설 《레미제라블》에 나온 자베르 형사, 《주홍글씨》의 칠링 워즈 같은 사람이 그런 인물이다. 반면 모두에게 유익한 선한 결말을 위해 논리를 활용하는 사람이 있다. 우리는 그런 사람을 관용적인 사람 혹은 현명한 사람이라고 부르며 존경한다. 논리의 종이 되어 섬기는 삶을 살지, 논리의 주인이 되어 지배하는 삶을 살지는 유년기에 만들어진 선한 바탕에 의해 결정된다고 볼 수 있다. 여러분의 아이가 어느 쪽에 속한 사람이 되길 희망하는가. 오늘도 아이는 선을 향해 부지런히 달려가는 중이다.

수준과 취향, 교육 효과를
고려한 책 선택하기

다양한 종류의 책을 가리지 않고, 어려운 책도 겁내지 않고 읽어보려고 하는 도전적인 태도는 모두가 꿈꾸는 이상적인 독서의 모습이다. 그런데 이건 성공적인 독서 교육의 최종 모습이지 이제 막 독서를 시작하는 아이들이 따라 해야 할 모습은 아니다. 수능 만점을 최종 목표로 한다고 해서 8세 아이에게 수능 문제집을 풀리지 않는 것처럼 말이다. 그런데 책의 경우 문제집처럼 연령이 콕 집어 표기되어 있지 않으니 선택이 망설여지는 마음은 모두 같을 거다. 과연 아이에게 읽히기 적합한 책은 어떤 책일까?

보통 아이에게 읽힐 동화책을 고를 때 첫 번째로 고려하는 부분은 글밥일 것이다. 글밥의 경우 사실 연령별로 어느 정도 분량의 책을 읽어야 하는지에 대해 딱히 정해진 기준은 없다. 그냥 아이가 편안하게 느끼는 분량, 부모님이 읽어주기 편한 글밥의 책을 선택하는 것이 좋다.

이때, 글자의 양과 난이도는 전혀 별개이니 이 둘은 떼어두고 생각해봐야 한다. 《해리포터 시리즈》처럼 글밥은 성인 수준이지만, 난이도는 초등 저학년 수준인 책도 있고, 《모나리자 도난사건》처럼 글밥은 적지만 난도는 초등학교 3~5학년 수준인 책도 있다. 또, 《머나먼 여행》처럼 아예 글자가 없는 그림책이지만 스토리 난도는 초등학교 3~5학년 수준인 책도 있다. 그러니 글자가 많다고 해서 어려운 책, 글자가 적다고 해서 쉬운 책이라는 편견을 가져서는 안 된다.

두 번째로 고려하는 부분은 아마 분야일 것이다. 화랑에서는 저학년 도서 선정 시 전통문화를 소재로 한 동화, 음악·미술 등 예술을 소재로 한 동화, 사회의 규칙·예절을 배울 수 있는 인성 동화, 관점을 바꿔 생각하게 해주는 자연 관찰 동화, 9세 무렵 세계관이 변화하기 시작하면서 혼란스러운 아이들의 정서를 위로하고 공감해줄 생활 동화 등을 선호한다. 각 분야의 동화가 아이에게 어떤 도움을 주는지 하나씩 구체적으로 알아보자.

전통문화를 소재로 한 그림 동화

전통문화와 관련된 그림 동화는 지혜로운 조상님이 이웃과 함께 살아가는 모습과 그 방법을 담고 있다. 아이들은 이런 이야기를 통해 우리 사회가 지금 눈에 보이는 현재의 모습이 전부가 아니라 전혀 다른 모습으로 살아왔던 과거부터 켜켜이 쌓아 이루어진 곳이라는 사실을 알게 된다. 더불어 옛날 사람들의 삶에 대한 배경지식을 확보할 수 있다. 명절에 대한 설명, 문화재에 대한 설명, 생활 도구나 물건에 대한 설명, 제도나 관습에 대한 설명 등은 단지 빛바랜 낡은 지식이 아닌 아이들에게 우리의 뿌리를 가르쳐주고 정체성을 확립해주는 소중한 정보이다.

이성을 개발하는 예술 동화

독일의 철학자 프리드리히 쉴러는 예술 작품을 감상하면서 얻는 미적 경험이 인간의 본질과 존재에 대해 이해할 수 있게 만든다고 말했다. 미국의 철학자 존 듀이도 예술 경험이 인간의 경험을 강화하고 더 풍부하게 만들어준다고 했다. 둘 다 한마디로 예술 감상이 인간의 이성을 개발해준다는 얘기다.

이와 같은 바탕 아래 일찍이 서구에서는 아동기에 예술적 감각을 키워주는 '감상 위주의 예술교육education through arts'을 무척 중요하게 여겼다. 하지만 안타깝게도 한국의 예술교육은 예술 작품을 창작하기 위한 기능 위주의 교육education for arts에 주를 두고 있는 것 같다. 그래서 미술과 음악 같은 수업 시간에 작품을 감상하기보다는 주로 그림을 그리거나 만들기를 하고, 악기를 연주하거나 노래를 배운 기억이 더 많을 것이다.

이런 교육 환경을 고려할 때 예술 작품을 감상하는 부분은 가정에서 책을 통해 보완해주는 것이 좋다. 감성적 아이로 키우기 위해서가 아니라 아이의 이성을 개발해주기 위해서 말이다. 또 이 부분은 책 읽기에만 그치지 말고 아이와 함께 직접 연주회나 미술관에 가서 체험해보는 것이 더 효과적이다.

규칙과 예절을 배우는 인성 동화

유치원에 입학하고 나면 아이들은 단체 생활을 위한 여러 가지 룰을 익혀야 한다. 혼자만 장난감을 갖고 놀겠다고 욕심을 부리면 안 되고, 그렇다고 책임감 없이 다른 사람에게 내 물건을 막 빌려주어서도 안 된다. 친구를 따돌리거나 독점하려고 해서도 안 된다. 차례와 순서도 잘 지켜야 한다. 또 무조건 내 생각이 옳다고 우겨서는 안 되고 친구들의 생각을 존중해야 한다.

단지 규칙을 지켜야 한다는 사실만으로도 아이에게는 스트레

스가 될 수 있는데 그것 외에도 단체 생활을 잘하기 위해서는 지켜야 할 것들이 너무 많다. 여기에 학교에 입학하게 되면 유치원과 또 다른 차원에 규칙과 질서가 있다. 이런 규칙을 자연스럽게 가르쳐주는 동화가 인성·생활 동화다. 유치원이나 학교에서 일어날 수 있는 일들에 대해 잘 담아낸 동화는 자기중심성이 강한 유아기 아이들에게 조화롭게 어울릴 수 있는 방법을 알려준다.

생각하는 힘을 키우는 자연 관찰 동화

저학년 아이들에게는 자연 현상의 원리를 설명하는 과학책보다는 동식물의 생태, 우리 몸 등 눈에 보이는 것들에 대해 관찰하고 설명하는 종류의 과학책이 좋다. 특히 나와 다른 존재, 나와 다른 삶의 방식을 알게 되는 일은 관점을 바꿔서 생각해볼 수 있는 일이기 때문에 상상력과 창의력 발달에 도움이 된다. 또한 과학 동화에 담긴 다양성은 자연의 위대함과 세상에 대한 호기심을 불러일으킬 수 있다.

세계관이 바뀌는 9세를 위한 생활 동화

아이들마다 조금씩 다르겠지만 대략 9세 무렵으로 아이가 유난히 짜증을 내는 시기가 있다. 이전에는 곧잘 하던 일들도 쉽게 짜증을 내거나 징징거려서 부모님은 진이 빠진다. 이는 지금까지 안정적이고 자기중심적인 세계에서 공주님, 왕자님이던 아이에게 첫 변화가 찾아왔기 때문이다. 아이는 자기가 변하고 있다는 걸 자각하지 못한다. 단지 알 수 없는 불안으로 인해 감정 기복이 커진 상황을 감당하지 못하는 것이다. 이 시기의 아이를 방치하면 자존감에 손상을 입을 수 있다.

이때 생활 동화를 읽히면 좋다. 생활 동화의 주인공은 주로 징징거린다. 엄마가 동생만 편애해서 울상, 선생님이 내 말을 들어주지 않아서 전전긍긍, 친구와의 관계가 뜻대로 풀리지 않아 괴롭다. 말 그대로 이 눈치 저 눈치 보며, 세상이 뜻대로 되지 않아 짜증이 난 주인공들이 책마다 한 명씩 살고 있다. 다소 교훈적이지 않은 현실적인 어린이 주인공들이지만 아이들은 이런 책을 읽으며 공감하고 위로받는다. 그리고 나만 그런 게 아니라는 사실에 안도하며 다시 위풍당당한 어린이가 될 힘을 얻게 된다.

하지만 이런 책은 오래 읽히기보다 아이의 감정 상태를 잘 살펴보고, 징징이가 강림하셨구나 싶을 때 잠깐 보게 하는 게 좋다. 아마 짧게는 4개월, 길어도 8개월을 넘기지 않는 게 좋다. 나보다 심한 주인공을 보면서 마음의 위로와 안도를 얻는 건 좋지만, 계속 그런 주인공들에게 빠져 있는 건 단단한 아이로 성장하는 데 큰 도움이 되지 않기 때문이다.

그래서 이런 책들은 아이들의 정서를 달래줄 사탕 같은 책으로 여기고 딱 사탕 먹일 만큼만 읽게 지도해주는 것이 좋다. 대신 그만큼 쉽게 술술 읽히니 생활 동화를 선택할 때는 평소보다 글밥이 많은 책을 골라주도록 하자.

어휘력을 쑥쑥 키워주는 국어사전

어휘 관련 도서 중 단연 최고의 책은 국어사전이다. 요즘은 어린이용 국어사전이 무척 잘 나오는데 초등학교 1학년쯤이 되면 특별한 선물로 국어사전을 사 주는 것이 좋다. 가능하다면 서점에 아이와 함께 가서 직접 보고 고르는 게 좋은데, 만약 서점 갈 시간이 부족하거나 근처에 서점이 없다면 무난하게 동아출판사에서 나온 《연세 초등 국어사전》이나 보리출판사에서 나온 《국어사전》을 추천한다. 사전을 구비한 이후에는 책꽂이에 전시만 해두지 말고 사전 찾는 방법을 적극적으로 가르쳐주고 사전 찾기 게임을 하는 등 아이가 사전에 재미를 느끼게 만들어야 한다. 이때 아이가 사전을 찾아보는 자신의 모습에 자부심을 느낀다면 충분히 성공이다.

고학년의 경우 책을 읽다 모르는 단어가 나왔을 때 그 자리에서 바로 국어사전을 찾아보는 습관을 갖는다면 어휘력뿐만 아니라 지식을 모호하게 이해하지 않고 정확히 짚고 넘어가는 태도를 길러줄 수도 있다. 그런데 저학년의 경우에는 이 방법이 자칫 독서의 흐름을 깰 수 있다. 그러니 일차적으로는 아이 수준에 적절한 어휘들로 구성된 책을 선정해주되 모르는 단어를 만나면 포스트잇 같은 곳에 메모해뒀다가 책을 다 읽고 난 후에 사전을 찾아보게 하는 것이 좋다. 아예 영어 단어장을 만들듯이 단어장을 만드는 것도 좋다. 이때 단어는 '초면입니다 단어' '구면이나 모릅니다 단어' '확인해봐야 하는 단어' 세 가지로 분류해서 정리해두면 어휘에 대한 감각을 익히는 데 도움이 될 수 있다.

10세 이전에 읽어야 할
그림 동화 추천 도서

주제	도서명	출판사
전통문화	해치	도토리숲
	조신선은 쌩쌩 달려가	머스트비
	잔치에 온 산신아비	키다리
	물개 할망	모래알
	인도에서 온 마무티 아저씨	단비어린이
	나의 작은 집	길벗어린이
예술	창밖은 미술관	책읽는곰
	소리를 그리는 마술사 칸딘스키	톡
	은종이 그림 속 아이들	크레용하우스
	첼로 노래하는 나무	천개의바람
	마시모 비넬리의 뉴욕 지하철 노선도	주니어RHK
	내 머릿속에는 음악이 살아요!	책속물고기
인성	미어캣의 스카프	고래이야기
	밀림에서 가장 아름다운 표범	위즈덤하우스
	괜찮을 거야	책읽는곰
	안녕, 코끼리	바람의아이들
	나는 그릇이에요	꼬마이실

인성	장군님과 농부	창비
	달려!	책빛
	그 소문 들었어?	천개의바람
	벌집이 너무 좁아!	고래이야기
자연 관찰	찰스 다윈의 엄청난 지렁이 똥 쇼	북극곰
	바이러스는 뭘까요?	어스본코리아
	하늬, 히말라야를 넘다	아롬주니어
	달은 어떻게 달이 될까?	북극곰
	달빛을 따라 집으로	청어람아이
	방긋 웃는 도둑게야	비룡소
	에덴 호텔에서는 두 발로 걸어 주세요	길벗어린이
	제자리를 찾습니다	국민서관
	안녕하세요, 풀 킴 씨	풀빛
생활	모두 너 때문이야!	잇츠북어린이
	거짓말의 색깔	오늘책
	욕 좀 하는 이유나	위즈덤하우스
	엄마의 희망고문	잇츠북어린이
	상자 속 도플갱어	노란돼지
어휘	동아 연세 초등 국어사전	동아출판
	보리 국어사전	보리
	미리 보고 개념 잡는 초등 어휘력	미래엔아이세움
	두근두근 이 마음은 뭘까?	한빛에듀
	문해 쑥쑥 1 초등학교 저학년 어휘편: 우리말 바로 쓰기	고래가숨쉬는도서관

5장

2단계

초등 중학년,
"어려운 책에도 도전해볼래"

아이에게는 완벽한
영웅이 필요하다

사회성 발달은 아이에게 외부 세계에 대한 관심을 불러일으키는
동시에 '가족-나'라는 다소 단편적인 관계에서 벗어나 '나-타인'
으로 관심 영역을 확장시킨다. 이 시기부터 아이는 타인에게 비
치는 나의 모습에 대해 부쩍 신경 쓰기 시작하고 멋진 사람이 되
고 싶다는 나름의 욕망을 갖는다.

　아이는 이전에 귀엽고 사랑스러운 어린이의 모습을 빨리 벗어
버리고 어른의 일원으로 대접받길 희망한다. 그리고 이를 또래
집단에 과시한다. 그래서 지금까지 다른 사람 앞에서 스스럼없이

하던 사랑한다는 말이나 안고 뽀뽀하는 등의 행동을 창피하다고 느낀다. 이렇게 타인에게 인정받는 훌륭한 어른의 모습을 꿈꾸는 아이에게 위인전은 훌륭함에 대한 좋은 지침이 된다.

왜적을 용감하게 물리친 이순신 장군의 모습을 보고 아이는 그런 용감한 사람이 되고 싶다고 생각한다. 엉뚱한 행동을 해 이해받지 못했지만 열심히 연구해서 발명왕이 된 에디슨의 이야기를 통해 지금은 사람들이 나를 이해해주지 않지만 열심히 공부해서 과학자가 되겠다고 마음먹는다. 위인전을 보면서 아이들은 앞으로 어떤 어른이 되어야 할지 생각하고, 이상적인 인간상에 대한 정보를 수집하고 모델링한다.

문해력 최상위권 아이들의 특징

그런데 한 가지 문제가 있다. 10세의 자녀는 위인전 읽기를 싫어할 확률이 높다. 이건 위인전이 10세 아이가 보기에 무척 어려운 장르이기 때문이다. 이전까지 아이가 읽은 그림 동화나 생활 동화 대부분은 시대 배경을 고려하지 않고도 스토리를 이해할 수 있었다. 창작 동화의 경우 하나의 사건을 토대로 주인공(사람, 동물, 사물)의 감정선을 보여주기 때문에 작품 배경에 대한 상식이 없어도 내용을 이해할 수 있다. 하지만 장영실, 세종대왕, 이

순신과 같은 위인전은 신분제도와 같은 사회 환경, 그리고 임진 왜란 당시 조선과 명나라와의 관계 같은 시대 배경에 대한 지식 없이는 내용을 이해하기 어렵다.

그렇기 때문에 아이가 위인전 읽기를 싫어한다면 원인은 정독률이 높기 때문일 가능성이 크다. 반면, 싫어하지 않는다면 책을 대충 읽는 습관이 있는지 한 번쯤 의심해봐야 한다. 정독률이 높은 아이들은 책 내용 한 줄 한 줄 꼼꼼하게 이해하며 읽어가기 때문에 위인전은 이해되지 않는 장면이 많은 어려운 책이라는 공통된 반응을 보인다. 하지만 정독률이 낮은 아이는 말 그대로 자기가 뭘 모르는지를 모르고 책을 읽는다. 그렇게 아는 것만 취하는 형태의 독서를 하므로 위인전이 어렵다는 사실 자체를 인지하지 못하는 것이다. 그래서 아이러니하게도 독서 교육에 심혈을 기울이는 부모님들이 오히려 정독률 부족을 걱정하며 학원에 상담을 받으러 간다. 그리고 이런 말을 한다.

"책을 열심히 읽힌다고 읽혀왔는데, 아이가 책 내용을 잘 모른다는 걸 깨달았어요. 위인전을 읽는데 모르는 게 너무 많더라고요. 모르는 단어를 물어보느라 책 진도가 안 나가는데, 이런 쉬운 단어를 모르고 있었다는 것도 충격이고, 그 질문에 일일이 설명해줘야 하는 건지도 모르겠어요."

만약 이런 고민을 하는 학부모가 있다면 문해력 최상위권으로 아이를 키워낸 선배 맘들의 길을 제대로 걷고 있는 것이니 칭찬받아야 할 자신을 격려하라고 조언해주고 싶다.

아이의 수준에 맞게 책 난이도 조절하기

그렇다면 배경지식이 부족한 초등학교 3~4학년 아이는 어떻게 위인전을 읽어야 할까? 일단은 아이의 눈높이에 맞춘 도서 선정이 중요하다. 예전에 공주에 푹 빠진 조카가 공주 목걸이를 사달라고 해서 평소 잘 착용하지 않던 진짜 진주 목걸이를 준 적이 있다. 목걸이를 본 아이는 크게 실망하며 "이런 거 말고, 디즈니 공주가 하는 예쁜 핑크 보석이 있는 목걸이가 갖고 싶어"라고 말했다. 플라스틱으로 만들어진 장난감 목걸이는 어른 눈에 조잡해 보이겠지만, 아이들 눈에는 그야말로 탐나는 잇템이었을 테다.

아이들에게 추천할 만한 좋은 위인전은 어른의 시각에서 다소 조잡해 보이는 핑크 공주 목걸이 같은 위인전이다. 대표적으로 오래전에 나온 《바른사 위인전 시리즈》가 있다. 다소 유치해 보이는 옛날 삽화가 그려진 이 시리즈는 시대정신과 인간 내면의 갈등 같은 부분은 쏙 빼고, 인물의 업적, 본받을 만한 태도에만 초점을 맞춰 선악의 대결 구도에서 일방적으로 주인공만 칭송하는 스토리다. 하지만 글자도 제법 많고, 어휘도 비교적 쉬운 책이라 초등학교 3학년 아이들이 읽기 적당한 난이도라고 생각한다. 하지만 이 시리즈는 지금은 절판이라 중고 서점에서만 구할 수 있다.

2000년대부터는 아동 출판 시장이 확장되면서 이원수, 고정욱 선생님 같은 필력이 유려한 작가들이 〈산하 인물 이야기〉 시리즈 같은 아동을 위한 위인전을 집필하기 시작했고, 이 책들이 대박을 터트리며 여러 출판사가 경쟁적으로 위인전 시리즈를 내놓았다. 그리고 경쟁에서 밀린 옛날 위인전들은 더 이상 출판되지 않게 되었다. 하지만 소위 잘 쓰인 '진짜 진주 목걸이' 같은 위인전은 텍스트 분량이 120페이지 수준으로 홀쭉한 책임에도 불구하고 아직 배경지식도, 인간의 내면에 대한 인식도 부족한 초등학교 3학년 정도의 아이가 읽기에는 너무 어렵다.

그러니 위인전 장르 책 읽기에 무사히 안착하기 위해서는 읽기 책의 난도를 단계적으로 올려줄 필요가 있다. 우선 위인전 읽기에 입문할 때는 대교소빅스 〈참 삼국유사 삼국사기〉 시리즈, 두두스토리 〈슈퍼 피플 스토리〉 시리즈와 같이 쉽게 술술 읽히는 그림책을 선택하는 것이 좋다. 이런 유아용 인물 동화를 초등 1~2학년 시기에 충분히 읽히고 정서와 배경지식이 어느 정도 성장한 3~4학년 무렵이 되면 인물이 단순하게 기술된 비룡소 〈새싹 인물전〉 시리즈, 효리원 〈교과서 저학년 위인전〉 시리즈 같은 책을 선택하는 것이 좋다. 이후 위인전 읽기에 충분히 익숙해졌다고 판단되면 산하 출판사의 〈산하 인물 이야기〉 시리즈 같이 인물의 고뇌가 잘 드러난 수준 높은 책으로 넘어간다.

그런데 아무리 쉬운 책을 고르더라도 위인전을 읽을 때 아이는 궁금한 게 많을 수밖에 없다. 그러니 3학년이 되고 본격적으로 위인전 읽기를 시작했다면, 처음에는 부모님과 함께 읽거나 모르는 걸 쉽게 질문할 수 있도록 아이를 가까운 곳에 두고 읽히는 게 좋다.

아이가 책을 읽으며 모르는 걸 물어보면 귀찮더라도, 혹은 책 메시지에 집중할 수 없더라도 개의치 말고 질문에 대해 최대한 자세히 설명해주는 것이 좋다. 의문을 가졌을 때 설명해주는 것만큼 이해하기 좋은 타이밍도 없으니 말이다. 이렇게 적게는 1년 많게는 2년 정도 질문이 쌓이면 필요한 배경지식을 어느 정도 확보하기 때문에 이후에는 더 순조롭게 스스로 책을 읽을 수 있다. 이 무렵이 위인전 난도를 올려줄 적기이다.

비판적 읽기는 잠시 미뤄두자

초등학교 3학년 무렵 위인전을 읽힐 때 특히 주의해야 할 점이 있다. 바로 인물에 대해 비판적인 판단은 삼가야 한다는 점이다. 세상에 결점 하나 없이 완벽한 사람이 얼마나 있겠는가? 그 소수의 무결점 인물들 중 당대에 큰 업적을 남긴 사람은 또 얼마나 되겠는가?

아동 위인전의 인물들에게도 위대한 면과 그렇지 않은 면이 공존한다. 간디는 비폭력 운동을 이끌어 평화적으로 영국과 맞서 싸운 위대한 인물이지만, 카스트 제도를 옹호했다는 비난을 피하지는 못한다. 에디슨은 위대한 발명으로 세상을 더 편리하게 만들었지만, 그렇게 쌓은 거대한 부를 나누지 않고 혼자만 잘산 놀부 같은 캐릭터가 아닐까 싶다.

하지만 전래 동화를 읽을 때, 온전히 선을 추구하는 바탕을 만들기 위해서 등장인물에 대해 논리적인 판단을 하지 않았던 것처럼, 초등학교 3~4학년 시기 이제 막 세상에 대해 알아가는 아이에게도 되도록 세상은 아름답고 안전한 곳이라는 믿음을 주는 게 좋다. 세상의 민낯을 감당하기에 아이는 아직 어리고 약하다. 세상의 어두운 면은 조금 더 성장한 후에 알아가도 늦지 않다.

그러니 위인전을 읽힐 때는 주인공의 결점을 굳이 들추어내기보다는 일단 주인공을 훌륭한 사람, 본받을 만한 사람으로 포장해서 인식시키는 책을 선택하는 것이 좋다. 이후 논리력과 비판력이 어느 정도 발달한 초등학교 5학년 이후에 가서, 지금까지 의심 없이 믿어온 것들에 대해 다시 한번 생각해보게 하는 것이 바람직하다.

지금까지 설명한 위인전 읽기를 단계별로 구분해보면 초등 3~4학년이 1단계라고 할 수 있다. 이때는 흑백논리의 관점에서 주인공을 절대 선으로 묘사하고, 비판적인 접근을 하지 않는 플라스틱 공주 목걸이 같은 책을 추천한다.

2단계인 초등 5학년 이후에는 위인의 고민과 고뇌를 인간적으로 묘사하는 책을 추천한다. 또한 이때는 위인으로 불리지는 않지만 많은 사람들에게 주목받는 현대의 명사에 대한 책을 보는 것도 무척 좋다. 스티브 잡스, 일론 머스크, 오프라 윈프리같이 사회적으로 영향력 있는 사람들의 이야기를 통해 아이가 자신이 살고 있는 시대를 이해하고 현실을 어떻게 살아갈지 고민해볼 수 있기 때문이다.

이후 중학교부터는 3단계로, 자서전 읽기를 추천한다. 작가가 위인을 묘사하는 책이 아니라, 저명인사가 직접 자신의 이야기를 쓴 책을 보면서 아이는 그 인물과 글을 통해 대화할 수 있고, 명사의 관점에서 그의 인생을 간접 체험하는 소중한 경험을 해볼 수 있다.

위인전 선정 기준과 추천 도서

단계	선정 기준	도서명	출판사
1단계 초3,4	- 흑백논리 관점 - 주인공을 절대 선으로 묘사하는 책	세종 대왕, 바른 소리를 만들다	천개의바람
		이순신	비룡소
		마리 퀴리	그레이트북스
		헬렌켈러의 3일만 볼 수 있다면	크래들
		슈바이처	효리원
		간디의 소금행진	여유당

2단계
초5
	- 객관적인 관점
	- 주인공의 부족함과
	  고뇌를 인간적으로
	  묘사하는 책
	- 현대의 명사에 대한
	  책
		레이첼 카슨, 침묵의 봄을 깨우다	천개의바람

		일론 머스크, 별에 닿은 아이	아울북
		스티븐 호킹	스푼북
		다빈치 대 잡스	노란돼지
		잉바르 캄프라드	다섯수레
3단계 중등 이상	- 자서전	청소년을 위한 백범일지	나남
		벤저민 프랭클린의 자서전	부글북스
		숨결이 바람 될 때	흐름출판
		과학자의 서재	움직이는서재
		니콜라 테슬라 자서전	책에반하다

비문학 책을 거침없이 읽는
아이의 비밀

보통 책을 좋아하는 고학년 아이들은 취향이 비교적 확고하다. 문학 계통 책을 좋아하는 아이는 소설류의 이야기책만 읽으려 들고, 비문학 계통 책을 좋아하는 아이는 학습 만화를 포함해 지식 정보가 많은 책만 읽으려고 한다. 둘 다 도움되는 분야이니 골고루 읽어주면 참 좋겠지만 아이들의 취향은 마치 물과 기름처럼 섞이지 않는다. 화랑에서 지난 7년 동안 입학한 아이들을 설문 조사한 통계에서도 문학을 선호하는 아이가 비문학을 선호하는 아이보다 압도적으로 많았다. 그래서인지 많은 부모님이 자녀의 확고한 문학 취향에 대해 진지하게 걱정하곤 한다.

더구나 입시에서도 비문학 비중이 높다고 하니 우리 집 아이만 발전하지 못하고 아직도 이야기책에 푹 빠져 사는 것 같아 걱정이다. 안 그래도 고학년이 된 후 가뜩이나 바빠진 아이를 보면, 이제 책 읽기도 선택과 집중을 해야 할 때인 것 같다. 그러니 지금까지 충분히 읽은 이야기책은 잠시 후순위로 미뤄둬야 하지 않을까 하는 생각까지 든다.

하지만 부모님의 염려와는 다르게 사실 이야기책을 읽는 아이에 대해서는 크게 걱정할 필요가 없다. 이런 양상은 안정적인 독서 발달이며 비문학 독서의 경우도 입문하는 과정이 좀 오래 걸릴 뿐 배경지식을 차근차근 쌓다 보면 곧 수월하게 읽게 된다. 오히려 문제가 되는 건 어릴 때부터 이야기책을 멀리하고 지식 정보와 관련된 비문학 책 읽기를 선호하는 아이다. 그래서 지금부터 말하고자 하는 건 문학 취향의 아이에게 비문학 도서를 어떻게 읽힐지가 아니라, 비문학 취향의 아이가 왜 문학을 읽어야 하는지에 대한 설명이다.

오래 기억하게 만드는 이야기의 힘

인간은 본능적으로 이야기를 추구한다. 분야를 막론하고 이야기로 설명되었을 때 더 잘 이해하고 기억한다. 그래서 활자가 보급되기 이전인 원시 시대부터 신화, 전설, 각 문화권의 윤리 및 가치관 등 그 사회에 중요한 것들은 모두 빠짐없이 입에서 입으로, 즉 이야기라는 방법을 통해 구전되어 왔다. 더구나 우리는 모두 기억하지 못하는 아주 어린 시절부터 이야기를 접해왔기 때문에 세상을 이해하고 배우는 데 있어서 이야기란 가장 익숙한 도구다. 그러니 아이들이 이야기를 추구하는 건 너무도 당연한 일이다. 그것도 '적당히'가 아닌 '무척' 말이다.

잘 만들어진 좋은 이야기는 상대로 하여금 어떤 감정을 유발하게 만든다. 감동·희망·재미와 같은 긍정적인 감정을 유발할 수도 있고, 슬픔·두려움·공포와 같은 부정적인 감정을 만들어낼 수도 있다. 그 감정이 무엇이든 간에 감정이란 건 정서적인 몰입과 공감을 이끌어내기 때문에 오래 기억될 수 있다. 그래서 어떤 메시지든 이야기라는 옷을 입고 전달될 때 전달력이 배가된다.

이런 점 때문에 역사나 과학 지식 등 정보를 기억할 때는 이야기의 옷을 입혔을 때 훨씬 쉽게 기억되고 활용에도 용이하다. 이야기의 강점을 잘 활용한 사람으로 파브르를 들 수 있다. 당시 곤충에 대한 정보는 도감 위주의 딱딱한 책이 전부였다. 하지만 파브르는 곤충을 의인화한 후 곤충의 생태를 이야기로 꾸며 설명했다. 이런 전달 방식 덕분에 독자들은 곤충에 대한 이해의 폭을 넓힐 수 있었고, 파브르는 위대한 인물로 역사에 남게 되었다.

이야기책이 길러주는 아이의 무한한 잠재력

이야기를 자주 접한 아이는 자연스럽게 이야기의 서사 구조를 익히고, 궁극적으로 이야기를 창조하는 능력인 스토리텔링 능력을 획득한다. 이 능력을 갖춘 아이들은 비문학, 즉 지식 정보책을 읽을 때도 어려운 정보를 이야기로 전환해서 이해할 수 있다.

물론 처음 비문학 책을 접했을 때는 어려워하겠지만 읽기 경험을 반복하면서 곧 자신이 가진 스토리텔링 능력을 적용한 읽기 노하우를 터득한다. 그럼 이후부터는 누구보다 효율적으로 비문학 독서를 하는 아이로 거듭날 수 있다. 이런 이유로 어릴 때 이야기책만 줄기차게 읽던 아이가 크면 어려운 비문학 책도 거침없이 읽게 되는 것이다.

스토리텔링 능력의 쓸모는 이뿐만이 아니다. 이 능력은 특별한 리더들이 공통으로 보유한 재능이기도 하다. 자신이 원하는 바를 상대방에게 납득시키는 일, 내 생각을 대중에게 말하고 공감을 이끌어내는 능력은 모든 사람이 갖고 싶어 하는 아주 특별한 능력이다. 하지만 이건 정말 어려운 일이다. 그런데 앞서 말한 바와 같이 생각은 이야기의 옷을 입고 전달되었을 때 더 잘 전달

된다.

이런 점을 누구보다 잘 활용한 인물이 스티브 잡스다. 사람들은 그를 창의적인 사람의 대명사로 여긴다. 아이팟과 아이폰, 아이패드 등 세상을 바꾼 기발한 아이디어를 생각해냈고, 그의 아이디어로 인해 우리는 삶을 혁신했기 때문이다. 그런데 잡스의 이 같은 능력은 모두 스토리텔링에서 출발한다. 그는 어떤 기술에 대한 아이디어를 떠올린 게 아니라 미래의 삶을 이야기로 그려냈고, 그 이야기 속에서 자신이 본 것들을 하나씩 실현해나갔다.

사고를 할 때 파편화된 조각들로 하나하나 생각하기보다는 잡스처럼 이야기로 펼쳐서 폭넓게 사고할 때 더 창의적인 답을 찾아낼 수 있다. 자신의 아이디어를 이야기로 풀어낸 잡스의 프레젠테이션은 투자자들의 마음을 움직였고, 결국 잡스는 상상했던 것들을 실현시킬 수 있었다. 그런 그에게 붙은 별명이 바로 '스토리텔링의 마법사'이다.

인스타그램에 올린 사진 한 장도, 기업이 출시하는 서비스나 제품도, 아이들이 좋아하는 아이돌 그룹까지도 모두 이야기를 장착하고 세상에 나왔을 때 대중은 더 열광한다. 이처럼 이야기는 이미 우리의 삶 속에 광범위하게 스며들어 함께 살아가고 있다. 이야기에 담긴 메시지를 읽어내고, 이야기의 맥락을 통해 사고를 깊이 있게 하고, 이야기를 만들어낼 수 있는 능력은 모두 아이의 성공을 뒷받침할 유용한 재능이 된다. 이런 무한한 이야기의 가능성을 열어주기 위해 아이에게 전략적으로 읽혀야 할 책이 바로 이야기책인 것이다.

하지만 요즘 부모님들은 이야기책 읽는 걸 너무 일찍 단절한다. 배경지식 확보에 조급한 부모님들은 아이에게 비문학 읽기를 권장하고, 너무 빨리 학습 만화를 보게 한다. 심지어 이야기책 읽기를 아예 금지하는 부모님조차 있다. 아이가 좋아한다고 해서, 혹은 아이가 쉽게 해낸다고 해서 가치가 없다고 여긴다는 사실이 정말 안타깝다. 이야기를 잘 창조하는 아이가 되는 길은 어릴 때부터 질릴 정도로 이야기를 많이 접하고 상상해보는 방법뿐이다.

과도기 독서가를 위한 이야기책
추천 도서

주제	도서명	출판사
지리	우리 땅 지질 여행	그린북
	사회는 쉽다! 8	비룡소
	내 친구가 사는 곳이 궁금해	열린어린이
사회문화	나이살이	문학동네
	신통방통 플러스 우리 명절	좋은책어린이
	달려라, 희망이	정인출판사
경제	100원 부자	위즈덤하우스
	내가 가게를 만든다면?	토토북
	세상을 바꾼 착한 부자들	상상의집
법·정치	우리는 반대합니다!	초록개구리
	정정당당! 우리 반 선거 대장 나민주가 간다!	가나출판사
	재판을 신청합니다	시공주니어
수·과학	배울수록 더 강해지는 인공 지능	뭉치
	구름을 뚫고 나간 돼지	내인생의책
	황당하지만 수학입니다 1	와이즈만북스
환경·인권	괴상하고 무서운 에너지 체험관	키큰도토리
	이 세상에 어린이가 100명이라면	청어람아이
	작은이도 존중 받을 권리가 있어!	꼬마이실

6장

3단계

초등 고학년,
"더 넓은 세상이 궁금해"

어려운 고전소설,
쉽게 읽히는 법

좋은 소설은 시대와 인간의 문제를 지적하고 이에 대한 작가의
고뇌를 등장인물을 통해 보여줌으로써 사람들에게 영향력을 행
사한다. 특히 고전이라 불리는 책들은 국가와 시대를 초월해서
많은 사람에게 선택받은 베스트셀러다. 이건 고전이 변하지 않는
인간의 근원적인 문제를 담고 있는 책이라는 점을 말해준다.

　400년 전 영국에서 쓰인《셰익스피어의 4대 비극》은 현대 한
국에 살고 있는 우리와 전혀 다른 세상을 묘사했지만, 작가가 고
민한 복수심, 질투, 아집, 권력에 대한 욕망은 변함없는 인간 본

연의 문제이다. 그래서 시대와 나라가 바뀌어도 사람들은 셰익스피어가 쓴 책을 읽으며 공감한다. 그래서인지 4대비극의 인물들은 오늘날까지 안방 드라마의 단골 클리셰가 되곤 한다.

이처럼 세상의 문제를 지적하고, 인물의 역경과 고뇌, 좌절 등을 묘사하고, 극복해나가는 과정을 보여줌으로써 독자에게 희열과 내적 성장을 가져다주는 고전 명작 소설은 아이들에게 그 무엇과도 비교할 수 없는 가치를 지닌 독서 장르이다.

그런데 아직 배경지식도, 시대 의식도, 인간 본능에 대한 이해도 부족한 아이가 그런 고전 명작 소설의 가치를 제대로 받아들일 수 있을까? 당연히 불가능하다. 하지만 그렇다고 '좀 더 크면 읽혀야지'라고 미룬다면 더 컸을 때는 수학 문제집과 씨름하느라 책을 전혀 읽지 못할 확률이 높다.

그나마 조금 책을 읽을 수 있는 여유가 확보된다고 하더라도 생기부에 기록해야 할 아이의 진로 적성과 일치하는 필독서를 읽기에도 바쁘기 때문에 영영 읽을 일이 없을 거라고 봐도 틀리지 않을 것이다. 그렇기 때문에 아이가 비교적 여유 있는 초등 고학년 시기에 명작 소설을 흠뻑 읽어두는 게 좋다. 명작 소설을 읽기 시작할 때는 아이의 수준에 너무 큰 기대를 하지 말고, 어린이용으로 출판된 명작을 읽힐 것을 추천한다.

어린이 명작 소설 어떻게 선택해야 할까?

과거에는 아이에게 읽힐 명작 소설을 고르는 일이 그야말로 심혈을 기울여야 하는 까다로운 일이었다. 그만큼 좋은 아동용 명작 소설 찾기가 쉽지 않았다. 하지만 요즘은 대다수 출판사가 편차가 느껴지지 않을 만큼 이 분야의 책을 잘 만드는 것 같다.

아동용 명작 소설과 성인용 명작 소설은 차이점이 뚜렷하다. 보통 고전은 서사가 방대한데, 잘 만들어진 아동용 고전은 주인 공을 중심으로 줄거리 가지치기가 잘 되어 있다. 그렇기 때문에 성인 고전을 고를 때는 번역이 얼마나 잘 되었냐를 보지만, 아동 용 고전의 경우 번역과 함께 글의 전개 방식도 꼼꼼히 확인해봐 야 한다.

허먼 멜빌의 《모비 딕》을 예로 들면, 이 책에는 바다를 누비는 신비한 하얀 고래와 이를 추격하는 다양한 인물 군상이 나온다. 반면, 아동용 《모비 딕》은 다양한 인물 군상을 대다수 가지치기 하고 모비 딕을 잡기 위한 에이허브 선장의 모습에만 초점을 맞 춰서 기술한다. 전체 명작의 스토리를 압축하기보다는 한 줄기의 스토리라인을 떼어내서 비교적 단순하게 담아낸 것이다.

예전에는 이렇게 줄거리를 가지 치는 기술이 서툴렀던 것 같 다. 작품의 주제나 세계관을 이해하는 데 꼭 필요한 중요한 단서 가 쏙 빠진 경우도 많았고, 스토리가 잘 정돈되지 않아 산만한 책도 많았다. 하지만 요즘 아동용으로 나오는 명작 시리즈는 대부분 잘 만들어져서 굳이 어떤 출판사의 책을 읽으라고 선정해줄 필요가 없을 정도다. 지경사, 효리원, 삼성출판사, 예림당 등 대부분 출판사들의 책이 좋으니 쉽게 구할 수 있는 책으로 읽힐 것을 권한다.

다만, 한 번에 전집을 구매해두면 아이가 미리 질려버릴 수도 있으니 일단 서점에 가서 한 권씩 사서 읽는 게 더 좋은 방법이다. 그렇게 읽은 책이 제법 쌓였을 때, 전집 한 세트를 구매해서 시리즈를 다 읽는 '도장 깨기'를 목표로 동기부여해보는 것도 아이에게 큰 성취감을 줄 수 있다.

고전 속에서 세상을 발견하는 아이들

명작 소설을 읽을 때는 아이가 메시지를 제대로 읽어내지 못하거나 발달 단계에 적합하지 않은 책을 읽더라도 굳이 개입하려고 하지 말고 아이가 이해한 만큼을 과정 그 자체로 존중해주는 것이 좋다.

몇 해 전 초등학교 3학년인 조카가 《노인과 바다》를 읽고 있는 걸 봤다. 너무 어려운 책인데 싶은 생각이 들어서 아이에게 책이 재밌냐고 물었다. 아이는 재밌다고 시크하게 대답했다. 그래서

"무슨 내용인데?"라고 물었더니 "음, 할아버지가 물고기 잡는 얘기야"라고 말했다. 밋밋한 물고기 잡는 이야기가 재밌다고 한 이유를 유추해보면, 그 당시 한참 유행하던 〈도시어부〉라는 TV 프로그램을 아빠와 본 적이 있는데, 이덕화나 이경규 같은 할아버지가 물고기 잡는 걸 이미지로 그리며 책을 읽고 있는 것 같았다.

하지만 이 소설은 성취를 위해 고군분투하는 숭고한 인생의 모습을 표현한 역작이다. 대부분의 사람은 가까운 바다에서 그물을 던져 물고기를 잡는다. 하지만 큰 물고기를 잡고자 꿈꾸는 노인은 홀로 먼 바다로 나가서 낚시로 물고기를 잡는다. 가까운 바다는 수심이 얕아 큰 물고기가 살기 어렵고, 그물로는 그물보다 작은 물고기만 잡을 수 있다. 노인은 익숙한 곳을 벗어나 더 큰 도전을 향해 나아가는 선택을 한 것이다. 물론 모든 사람이 이런 선택을 해야 하는 것은 아니다. 각자의 자리에서 최선을 다하며 살아가는 것 역시 충분히 가치 있는 삶이다. 헤밍웨이는 이 소설을 통해 자신의 꿈을 향해 끝없이 도전하는 인간 정신의 위대함을 보여주고자 했다.

이런 작품의 메시지를 아이가 모두 이해하면서 책을 읽어야 한다고 주장하는 건 아니다. 아직 인생 경험이 한참 부족한 초등학생이 고전을 이해하는 건 다소 어려운 일이다. 그래서 화랑에서는 초등학교 4~5학년 시기에 이런 고전소설을 유독 많이 읽힌

앞바다(현실)

먼 바다(꿈, 성취)

《노인과 바다》에 담긴 메시지

다. 고전은 혼자 읽어도 좋지만, 아이들은 인생 경험이 부족하기 때문에 어른의 적절한 도움이 필요한 장르다.

화랑에서는 아이들이 고전의 내용을 쉽게 이해할 수 있도록 아이의 일상생활에서 경험해봤을 법한 이야기로 바꿔서 설명해 주거나, 최신 이슈를 주인공의 상황과 심리에 빗대어 이야기해준 다. 이런 스토리텔링 수업은 아이들이 작품을 좀 더 깊숙이 이해 할 수 있게 만들고, 나아가 세상을 더 넓은 시선으로 바라보게 한 다. 또 그 결과 아이는 자기의 경험을 훌쩍 뛰어넘어 더 높은 수 준에서 세상을 이해할 수 있게 된다.

《안네의 일기》 스토리텔링 수업 예시

선생님이 이야기하는 상황이 정말 너에게 일어난 일이라고 최선을 다해 상상해 봐. 그럼 안네를 누구보다 잘 이해할 수 있을 거야.

자, 지금부터 너의 성은 '권'씨야. 너는 딱히 특별할 것 없이 아주 평범하게 살고 있었지. 어느 날, 너희 동네에 이상한 사람이 나타났어. 그는 '권' 씨 성을 가진 사람은 모두 벌레만도 못한 나쁜 사람이라고 믿게 만드는 정신적 좀비 바이러스를 만들어서 퍼트렸어. 이 바이러스는 순식간에 동네를 집어삼키고, 곧 서울시 전체에, 그리고 또 금방 대한민국 사람들 전체에 퍼져 사람들을 모두 감염시켰어.

바이러스 때문에 정신적 좀비가 되어버린 담임 선생님, 단짝 친구, 동네 어른들 모두 너를 혐오하며 왕따시키기 시작했어. 심지어 반 친구가 너를 때리고, 모르는 사람이 너희 집 물건을 빼앗아도 경찰 아저씨는 도와주지 않아. 왜냐하면 넌 그래도 되는 '권'씨니까. 이런 괴롭힘이 점점 더 심해지더니 급기야 '권'씨 성을 가진 사람은 누구나 한눈에 알아볼 수 있도록 외출할 때 큼지막한 별 브로치를 달아야 한다는 법을 만들었어. 그리고 얼마 지나지 않아 같은 동네에 있는 것마저 혐오스럽다며 '권'씨 수용소를 만들었지. 단지 '권'씨라는 이유로 어린아이까지 모두 감옥에 가야 한다니 온 세상이 절망으로 가득 차버린 것 같았지.

아빠는 수용소에 가지 않기로 결심했어. 우리 가족은 멀리 탈출하는 척 하면서 사람들이 잘 모르는, 아파트 지하 주차장 아래층에 있는 버려진 작은 창고에 숨어 살았어. 등잔 밑이 어둡다고 우린 들키지 않았지. 하지만 소리를 내서도 안 되고, 밖에 나가는 것도 허락되지 않았어. 음식이 떨어지면 아빠는 목숨을 걸고 마트에 다녀와야 했어. 이웃에 살던 누구에게라도 들키면 수용소에 끌려가거나 죽게 될 아주 위험한 일이었지만 아빠는 가족을 위해 목숨을 걸고 마트에 갔지. 그렇게 우리 가족은 그곳에서 마치 유령처럼 몇 년을 살았어. 어느 날 요란한 사이렌이 울리며 경찰들이 집으로 들이닥치기 전까지 말이야.

....

독후 질문 예시

• 너는 언제 가장 무섭고, 슬프고, 억울했니?

• 많진 않았지만 바이러스에 감염되지 않은 사람도 있었어. 비결이 무엇이었을까?

• 감염된 사람들도 피해자인데, 그렇다면 그들에겐 죄가 없는 걸까?

• 이런 혐오 바이러스가 또다시 세상을 지배할 수도 있어. 그런 일을 예방하려면 우린 무얼 해야 할까?

10대에 읽어야 할 고전소설
추천 도서

주제	도서명	출판사
도전	라만차 돈키호테	거인
	80일간의 세계 일주	열림원어린이
	몽테크리스토 백작	지경사
	모비 딕	연초록
	노인과 바다	삼성출판사
	갈매기의 꿈	나무옆의자
	오디세우스의 모험 일지	웅진주니어
	삼총사	연초록
인생·인간	크리스마스 캐럴	비룡소
	사람은 무엇으로 사는가	창비
	셰익스피어의 4대 비극	효리원
	어린 왕자	열린책들
	왕자와 거지	시공주니어
	지킬 박사와 하이드	푸른숲주니어
	장발장	삼성출판사

성장	수레바퀴 아래서	계몽사
	작은 아씨들	계림북스
	홍당무	효리원
	나의 라임 오렌지나무	동녘
	이상한 나라의 앨리스	살림어린이
	빨간머리 앤	계림닷컴
	톰 아저씨의 오두막	효리원
휴머니즘	안네의 일기	삼성출판사
	오 헨리 단편선	비룡소
	목걸이	삼성당
	올리버 트위스트	푸른숲주니어
	마지막 수업	삼성당
	처음 만나는 톨스토이 단편선	미래주니어

학습의 출발선에 선
아이를 위한 확장 독서

책에 대한 좋은 정서의 바탕 위에 정독 습관을 만드는 저학년 과정이 끝나고 나면 아이들은 탄탄한 독서를 할 수 있는, 말 그대로 '준비'가 갖춰졌다고 할 수 있다. 고학년이 된 아이들은 이제 올림픽에 출전한 선수처럼 각기 다른 기량을 갖고 출발선에 선 것이다. 이 출발선을 학습의 출발선이라고 부를 수도 있고, 지성의 출발선이라고 부를 수도 있다.

그러니 이제부터는 최선을 다해 뛰는 일만 남았다. 정서와 사고가 급격히 발달하는 초등 고학년 이후 아이들은 지금까지와 다르게 다양한 분야의 책을 읽어야 하고, 더 높은 수준의 책을 도전적으로 읽고자 하는 태도를 가져야 한다. 이 시기 읽으면 좋은 도서 분야에는 앞서 말한 위인전이나 명작 소설 외에도 추리소설, 모험소설, 과학, 역사, 판타지 등이 있다. 이런 도서들은 이제 막 세상을 향해 뻗어나가는 아이들의 호기심을 충족시켜주며 성장을 자극한다. 또 그동안 정독 습관을 위해 되도록 지양하는 것이 좋다고 말해왔던 만화책의 봉인을 풀어 아이에게 학습 만화를 권장해도 좋을 때이기도 하다.

추론적 사고를 키워주는 추리소설

초등 4학년 이후가 되면 논리력의 기반이 되는 추론력이 맹렬히 발달하기 시작한다. 이 시기 아이들의 추론력 발달에 도움이 되는 장르가 추리소설이다. '추리'란 상상력이 확장된 것으로 현실의 단서에 기반해 개연성 있게 미래를 유추해내는 일이다. 추리소설은 과거에 벌어진 사건의 원인을 유추해나가는 과정을 흥미진진하게 그려낸 장르다. 추리소설을 읽으며 이런 인과(원인-결과)를 찾아내는 사고 활동을 반복하다 보면 논리력이 한껏 도약할 수 있다.

특히, 초등 고학년은 추론력이 발달하기 시작하는 시기이기 때문에 다수의 아이들은 이를 자극해 주는 추리소설에 본능적으로 끌린다. 그렇기 때문에 추리소설로 책 읽기 글밥을 늘려주는 것도 좋은 방법이다. 그래서 아이가 추리소설에 재미를 붙이기 시작한다면, 곧장 두꺼운 책으로 점프할 것을 추천한다. 같은 맥락으로 추리소설의 경우 글밥이 많은 책도 잘 읽기 때문에 굳이 만화책으로 보게 하는 건 좀 아까운 일이다. 만화책은 아이들이 잘 안 보려고 하는 장르인 역사, 과학 등 학습적인 부분을 보완할 때 쓸 최후의 카드로 남겨두는 것이 좋다.

물론 유독 추리소설 읽기를 싫어하는 아이도 있다. 추리소설은 기본적으로 범죄를 모티브로 한다. 그리고 납치, 살인과 같은 일련의 사건들이 나오기도 하는데, 이런 부분이 아이에게는 너무 무섭게 다가올 수도 있다. 이 경우에는 억지로 읽힐 필요까진 없다. 잘 읽는 아이라고 해도 자칫 표현의 수위가 지나치게 자극적일 수 있으므로 아동·청소년용으로 출판된 책을 읽히거나《애거서 크리스티 시리즈》《홈즈 시리즈》처럼 무난한 책을 골라줄 것을 추천한다. 만약 아이가 성인용 추리소설을 꼭 읽겠다고 우긴다면 부모님이 먼저 읽어보는 것을 권장한다.

글밥을 늘릴 때 읽기 좋은 모험소설

초등학교 4학년 이후 아이들은 세상을 향한 모험을 동경한다. 하지만 진짜 모험을 떠나기에는 위험하기도 하고 시간의 제약도 많다. 이런 아이들에게 모험을 간접 체험할 수 있는 소설은 정서에 꼭 맞는 좋은 책이다. 《15소년 표류기》《로빈슨 크루소의 모험》《허클베리 핀의 모험》《톰 소여의 모험》《해저 2만 리》등의 책을 읽으며 아이는 모험에 대한 욕구를 해소하고 역경을 극복하고 성장하는 주인공의 모습에 감동하며 단단한 자아를 만들어 간다. 이런 책들은 모든 아이들이 호불호 없이 두루 좋아한다.

보통 여자아이들은 《소공녀》《빨간머리 앤》《작은 아씨들》같은 여주인공이 나오는 성장소설을 좋아하고, 남자아이들은 모험에 대한 책을 좋아한다고들 생각하는데, 이건 주인공이 독자와 동성이었을 때 조금 더 감정이입이 수월하기 때문인 것이지 남녀 성 역할에 대한 본능 때문에 생기는 취향은 결코 아니다.

모험소설은 성별과 상관없이 모든 아이가 꼭 읽어야 하는 장르다. 더불어 아이들이 무척 좋아하기 때문에 글밥을 늘릴 때 읽히기 좋다. 그러니 이왕이면 원서 그대로 번역된 두꺼운 책으로 도전해보는 것도 좋은 방법이다.

만화책과 그림책의 결정적 차이

"우리 아이는 도통 책을 읽으려고 하지 않는데 만화라도 읽히는 건 어떨까요?"

책을 싫어하는 아이를 둔 학부모님들이 정말 많이 물어보는 질문이다. 도무지 책을 읽지 않는 아이라면 당연히 만화라도 읽히는 게 좋다. 문해력이 읽기 경험의 절대량에 비례해서 향상된다는 건 불변의 진리이다. 그러니 남의 일기장이라도 훔쳐서 읽힐 판인데 만화책이면 어떻겠는가. 하지만 아이의 읽기 수준이 그렇게까지 심각한 수준이 아니라면 되도록 만화보다는 양질의 텍스트를 읽히는 게 좋다.

그럼 〈만화 삼국지〉〈그리스 로마 신화〉〈Why?〉〈앗〉 시리즈 등 활자로 읽기에는 어렵고 부담스럽지만 만화로 읽히면 좀 수월할 것 같은 책들의 경우는 어떨까? 이 부분은 좀 고민해볼 만한 주제다. 일반적인 책은 전하고자 하는 메시지를 텍스트로 전달한다. 이 경우 책의 텍스트를 독자 스스로 이미지화한다.

만화나 그림 동화는 메시지를 삽화와 텍스트를 통해 전달하는데, 삽화가 메인이고 텍스트가 보조적인 역할을 담당하는 경우가 많다. 그런데 그림 동화와 만화에는 결정적인 차이가 있다. 그림 동화는 삽화와 텍스트가 같은 내용을 반복해서 전달하지 않는다. 그렇기 때문에 그림과 텍스트가 합쳐져야지만 하나의 스토리가 완성된다. 반면 만화책의 경우 삽화와 텍스트가 같은 내용을 반복한다. 또한 그림 동화의 삽화는 은유와 함축으로 메시지를 깊이 있게 표현하지만 만화의 삽화는 그렇지 않다.

이 같은 특성으로 인해 만화책은 상대적으로 적은 집중력으로 쉽게 읽어낼 수 있다. 하지만 아직 읽기 습관이 충분히 자리 잡지 못한 초등학교 저학년 시기에는 텍스트를 건성으로 읽는 습관이 몸에 밸 수 있기 때문에 되도록 만화책을 접하지 않는 것이 좋다. 만화책은 어디까지나 정독 습관이 완전히 자리 잡고 난 이후인 고학년이 되었을 때 읽기 시작하는 편이 좋다.

과학 분야로 독서를 확장하는 법

논리력이 발달하는 고학년 시기 아이들에게 과학책을 보게 하는 것 역시 추천할 만한 독서다. 특히 중·고등학교에서는 진로와 관련된 책을 꼭 읽어야 하는데 많은 아이들이 의·약학 및 이공계 진학을 희망하기 때문에 이 분야의 책을 자주 읽게 될 가능성이 크다. 그러니 초등 고학년부터 차곡차곡 과학책 읽기의 베이스를 만들어두는 편이 유리하다.

그런데 과학 분야의 책은 아이에게 생소할 뿐만 아니라 아직 배경지식이 부족해서 어렵게 느낄 수 있다. 그렇기 때문에 처음부터 너무 어려운 책을 욕심내기보다는《어린이를 위한 뇌과학 이야기》《미래가 온다, 미래 식량》《어쩌면 우주전쟁이 일어날지도 몰라》《넥스트 레벨 로봇》《가가 씨의 과학 장난감 가게》와 같이 스토리 형식으로 쓰인 쉬운 책으로 시작하는 게 좋다. 또한 저학년용 사진 위주의 과학책을 읽어보는 것도 나쁘지 않다. 과학 분야는 워낙 어려운 장르이기 때문에 겉보기에는 저학년용처럼 보여도 그리 쉽게 읽히지 않을 수 있다. 과학책 중 비교적 쉽게 읽을 수 있는 분야는 생태 관련 도서다. 아이가 과학을 어려워한다면 이 분야로 시작하기를 권한다. 이후 생물, 수학, 화학, 물리, 천문 등으로 차근차근 분야를 확장해나가면 된다.

과학에 대한 흥미를 돋우기 위해 과학 잡지를 구독해주는 것도 좋은 방법이다. 요즘에는 만화나 삽화 위주의 쉬운 과학 잡지도 많다. 이런 잡지를 1~2년 꾸준히 구독하다 보면 상당한 배경지식을 확보할 수 있다. 이렇게 베이스를 만들어준 후 초등 고학년용 과학책을 읽히면 된다. 이때, 아이가 과학책에 큰 흥미를 갖지 못한다면 책을 끝까지 읽기보다 중단하는 편이 낫다. 아이가 '책은 역시 어렵다'는 좌절의 벽을 느끼고 책과 멀어지는 일이 없도록 너무 욕심내지 말 것을 거듭 당부한다.

역사책 읽기에 흥미와 자신감 불어넣기

역사를 배우는 방법은 다양하지만 그중에서도 여행, 견학처럼 직접 경험을 쌓는 것이 가장 베스트다. 가족이 함께 제주도에 갔을 때 맛집 탐방을 하거나 아이가 좋아할 만한 체험을 하는 건 무척 일반적인 여행의 모습이다. 하지만 초등학교 3학년 이상의 아이와 함께라면 좀 지루하더라도 역사 현장을 방문하고 그곳에서 있었던 사건을 가족이 함께 알아보는 것이 좋다. 이런 식으로 단편적인 역사 지식을 많이 수집한 아이는 이후 역사책을 읽을 때 익히 알고 있는 반가운 대목이 많아지고 역사를 친숙하게 느끼게 된다.

역사책 읽기를 막 시작한 아이라면 처음부터 통사로 읽기보다는 역사적 사건을 배경으로 한 역사 동화를 충분히 접해본 후 통사로 넘어가는 게 좋다. 이때 주의할 점은 동화는 픽션이기 때문에 실제 역사와는 조금 차이가 있을 수도 있다는 점이다. 그렇지만 조금의 차이는 괜찮다. 아이가 그 모든 걸 다 정확히 기억해낼 리도 없을 뿐더러 지금 중요한 것은 흥미와 자신감이기 때문이다.

마지막으로 아이가 수집한 파편화된 역사 정보를 정리하고, 살을 붙여 깊이 사고해보게 만드는 단계에서 통사로 기술된 역사책을 읽기 시작하면 된다. 이때도 너무 어려운 책보다는 쉽고 재밌는 역사책을 선사시대부터 현대까지 쭉 읽는 것을 추천한다. 통사 입문자가 읽기 좋은 시리즈로 〈그림으로 보는 한국사〉 〈Who? 한국사〉 〈설민석의 한국사 대모험〉 등이 있다. 이후 어느 정도 역사 지식이 쌓이면 〈제대로 한국사〉 〈용선생의 시끌벅적 한국사〉 〈한국사 읽는 어린이〉 등의 시리즈를 읽는 것도 추천한다.

창의력이 부족한 아이를 위한 독서 처방

상상력과 창의력이 부족한 아이의 경우라면 판타지 소설을 보는 것이 도움이 된다. 이 장르의 책은 너무 상식의 틀 안에 갇혀 발상 전환을 힘들어하는 스테레오 타입의 아이들에게 새롭고 창의적인 세상을 열어준다. 그래서 화랑에서는 너무 판에 박힌 생각에서 벗어나지 못하는 아이에게 마치 처방전을 써주듯 판타지 소설을 처방해준다.

추천할 만한 판타지 도서로는 〈바다 도시의 아이들〉 〈나니아 연대기〉 〈위쳐 시리즈〉 〈끝없는 이야기〉 등의 시리즈나 〈한밤중 톰의 정원에서〉 같은 책이 있다. 이런 책은 기발한 세계관과 발상을 담고 있을 뿐만 아니라 논리적 개연성도 완벽하다. 더구나 판타지 소설은 모험과 성장을 다루고 있기 때문에 문학적인 측면에서도 가치가 높다.

하지만 한 가지 딜레마가 있다. 판타지 소설을 읽을 필요가 있는 소위 이과형의 아이는 판타지 소설을 읽으라고 하면 아주 질색한다. 사실 기반의 정보에 푹 빠져 있기 때문에 현실에 동떨어진 환상 세계의 이야기를 체질적으로 싫어하는 것이다. 반면 판타지 소설을 읽지 않아도 될 상상력이 뛰어난 아이는 이런 소설에 빠지면 다른 걸 못 할 정도로 정신을 못 차려서 문제다.

할 공부가 많아지는 고학년부터는 판타지 소설을 마음껏 읽을 시간이 부족한 것이 현실이다. 따라서 판타지 처방이 꼭 필요한 아이에게만 이 분야를 추천한다.

10대에 읽어야 할 장르 소설
추천 도서

주제	도서명	출판사
추리 소설	스무고개 탐정 시리즈	비룡소
	칠칠단의 비밀	사계절
	명탐견 오드리 시리즈	사계절
	셜록 홈스: 바스커빌 가문의 사냥개	아울북
	구미호 탐정 사무소	노란돼지
	암호 클럽 시리즈	가람어린이
	타이거 수사대 T.I.4 시리즈	조선북스
모험 소설	15소년 표류기	비룡소
	로빈슨 크루소	삼성출판사
	허클베리 핀의 모험	지경사
	톰 소여의 모험	시공주니어
	해저 2만 리	시공주니어
	오즈의 마법사	어스본코리아
	걸리버 여행기	지경사
판타지 소설	끝없는 이야기	비룡소
	바다 도시의 아이들	위니더북
	나니아 연대기	시공주니어
	위쳐 시리즈	제우미디어
	한밤중 톰의 정원에서	길벗어린이

10대에 읽어야 할 비문학 추천 도서

주제	도서명	출판사
학습 만화	설민석의 삼국지 대모험 시리즈	단꿈아이
	만화 삼국지 시리즈	문학동네
	그리스 로마 신화 시리즈	아울북
	Why? 시리즈	예림당
	앗, 시리즈	주니어김영사
과학책	어린이를 위한 뇌과학 이야기	팜파스
	미래가 온다, 미래 식량	와이즈만북스
	어쩌면 우주전쟁이 일어날지도 몰라	찰리북
	넥스트 레벨: 로봇	한솔수북
	가가 씨의 과학 장난감 가게	아울북
과학잡지	과학 동아	동아사이언스
	과학 소년	교원문고
	뉴턴	아이뉴턴
역사	그림으로 보는 한국사	계림북스
	Who? 한국사	다산어린이
	제대로 한국사	휴먼어린이
	용선생의 시끌벅적 한국사 시리즈	사회평론
	한국사 읽는 어린이 시리즈	책읽는곰

PART 4

읽고 써야 비로소
독서력이 완성된다

글쓰기를 처음 시작하는 아이를 대하는 법

가끔 강연이 끝나고 학부모님들에게 이런 요청을 한다.

"자, 지금부터 종이와 볼펜을 나눠드릴 거예요. 너무 부담 갖지 마시고, 오늘 강의에 대한 소감을 적어서 제출해주세요."

말이 떨어지면 일순간 객석에는 찬물을 끼얹은 것 같은 정적이 흐른다. 이 부탁을 들은 학부모들은 거의 예외 없이 굳은 표정을 짓는다. 아마 대다수 사람들이 이때 가장 먼저 느끼는 기분은 '어떤 말을 써야 하지? 뭘 써야 하지?'라는 당혹스러움일 테고, 두 번째로 밀려오는 생각은 '틀리면 어쩌지?'라는 두려움일 것이다. '맞춤법이 틀리면 어쩌지? 어휘를 잘못 사용하면 어쩌지? 너무 못 쓰면 어쩌지?'와 같은 생각 말이다.

그런데 생각해보면 이는 정말 이상한 일이다. 이제 막 글을 쓰려고 마음만 먹었을 뿐인데, 아직 쓰지도 않은 글에 대해 틀릴까 봐, 망신당할까 봐 걱정하고 있으니 말이다. 이런 걱정을 어른들만 하는 건 아니다. 아이들도 빈 종이에 글을 쓰려고 할 때 이런 두려움과 수치심을 느낀다. 우리는 왜 글을 쓸 때 행복하고 설레기보단 수치심을 먼저 느끼게 될까?

글쓰기 자신감을 키워주는 '무의식의 독자' 만들기

글을 쓸 때 느끼는 수치심은 선천적으로 타고나는 것이 아닌, 후천적으로 만들어진 감정이다. 놀랍게도 많은 사람들이 글쓰기를 처음 배울 때 유사한 경험을 한다. 이 경험이 무의식에 내재되어 글쓰기라는 행위를 하고자 할 때마다 스멀스멀 의식으로 올라와 나의 감정을 지배하는 것이다.

생각해보면 글쓰기라는 행위는 필연적으로 독자를 향해 있다. 누군가에게 편지를 쓰는 것은 물론 불특정 다수를 향해 인스타그램에 글을 쓸 때도 늘 독자가 존재한다. 하다못해 일기를 쓸 때도 마찬가지다. 훗날 그 일기를 읽게 될 독자인 나 자신을 향해 쓴 글이니 말이다. 이처럼 글을 쓰는 행위는 반드시 독자를 상대로 하기 때문에 '글자를 쓰는 행위'에는 항상 무의식의 독자가 내재되어 있다.

오랜 시간 글쓰기에 대해 연구해온 피터 엘보는 이 무의식의 독자를 크게 세 가지 부류로 구분했다. 첫째는 글을 즐겁게 읽고 좋은 반응을 하는 '우호적인 독자', 둘째는 글을 읽고 아무런 반응을 하지 않는 '무반응의 독자', 셋째는 글을 읽고 비웃거나 지적하는 '비난하는 독자'다. 이러한 무의식의 세 독자는 우리의 마음속에 공존하지 않는다. 모든 사람들은 세 독자 중 오직 하나의 독자만을 마음속에 품을 수 있고, 평생을 함께한다.

그렇다면 나의 무의식에는 셋 중 어떤 독자가 있을까? 확인할 방법은 의외로 간단하다. 글을 쓰려고 할 때 처음으로 느끼는 감정이 무엇인지를 확인하면 된다. 글쓰기에 대한 첫 감정이 틀릴까 봐 두려운 사람의 무의식에는 비난하는 독자가, 설레고 자신만만한 사람의 무의식에는 우호적인 독자가, 글쓰기에 별다른 의미를 느끼지 못해 무기력한 사람의 무의식에는 무반응의 독자가 내재되어 있는 것이다.

자, 그럼 내 아이의 무의식에는 어떤 독자가 있을까? 자신 있게 '우호적인 독자'라고 말할 수 있을까? 초등학교 글짓기 숙제부터 대입을 결정하는 논술고사까지, 어쩌면 평생 아이와 함께할 무의식의 독자가 혹시 나처럼 비난하는 독자인 것은 아닐까?

'비난하는 독자'를 심어주는 부모님의 태도

무의식의 독자는 아이가 자라 글씨를 배우게 되면서 자연스럽게 깨어난다. 하지만 이제 막 깨어난 무의식의 독자는 아직 성격이 정해지지 않았다. 이후 아이가 글을 쓰며 반복하는 경험에 따라 점점 성격이 만들어지는 것이다.

막 글씨를 배워서 글쓰기를 시작할 때 한글 숙련도가 낮은 아이들은 어느 집이나 할 것 없이 비슷비슷한 단어와 문장을 쓴다. '사랑해요' '엄마' '아빠' '기분이 좋았다' 등의 단순한 표현들이다. 하지만 이 표현에 아이는 자신의 감정을 듬뿍 담아서 꾹꾹 눌러쓰고, 스스로 글씨를 써낸 것에 대해 뿌듯함을 느낀다.

그렇다면 이렇게 열심히 쓴 글을 읽는 최초의 독자는 누굴까? 대부분 아이들은 부모님에게 자신이 쓴 글을 보여준다. 이렇게 초대된 아이의 최초 독자는 바로 부모님이다.

그런데 이때 아이의 글을 대하는 부모님의 태도는 어떨까? 처음 몇 번은 글씨를 쓰는 모습이 신기해서 "우와~, 잘했어"라고 격려한다. 하지만 얼마 못 가 비슷한 단어나 문장이 반복되는 아이의 글에 시큰둥해지고 "엄마 설거지하고선 이따가 볼게"라는 식으로 반응한다.

시간이 조금 더 지나면 이젠 "사랑해요" 말고 좀 더 다양한 생각을 썼으면 하는 바람을 갖게 된다. 그때부터 아이가 글을 쓸 때마다 최선을 다해 가르치려 든다. "글씨를 더 예쁘게 써야지!" "맞춤법이 틀렸어" "좀 더 다양한 표현을 사용해 봐" "'사랑해요'는 그만 써"라고 말이다. 아이가 최초로 만난 독자는 이렇게 아이가 사랑하는 마음으로, 힘들게 꾹꾹 눌러쓴 글을 무참히 지적한다.

한참 시간을 거슬러 돌아가 아이가 이제 막 걸음마를 떼었을 무렵을 떠올려보자. 아장아장 걷는 아기를 사랑스러운 눈으로 바라보지 않았는가. 첫걸음마를 떼던 날은 어땠는가? 짧은 시도였지만 말로 형용할 수 없는 기쁨을 느끼지 않았던가. 우린 모두 네 발로 기던 아기의 첫 도전을 응원하며 이런 특별한 날을 만들어준 아이에게 깊은 감동을 느꼈다.

그런데 냉정하게 생각해보면 그 감동의 날 아이의 걸음걸이는 완벽하지 않았다. 원래 정상적인 사람들은 비틀거리며 걷지 않는다. '아장아장'이라고 표현되는 아기들의 걸음걸이를 어른이 똑같이 따라 한다면 그것은 '비틀비틀'이라고 불리게 될 것이다. 생각해보라. 이제 막 첫걸음을 뗀 아기가 마주하는 부모님의 반응이 환희와 격려가 아닌, "너 걸음걸이가 왜 그렇니?" "비틀거리지 말고 똑바로 걸어야지"라는 지적이었다면 어땠겠는가. 아이가 처음 쓴 글을 보고 평가하는 것은 마치 아이의 첫걸음마를 지적하는 것과 같은 일이다. 하지만 그럼에도 불구하고 아이들은 글을 쓴다. 그리고 그렇게 아이의 무의식에는 글쓰기에 대한 두려움과 수치심이 스며들게 된다.

결론적으로 무의식에 내재된 독자의 정체는 바로 글쓰기를 막 시작해서 숙련도가 전혀 없던 시절, 천진난만한 아이의 미숙함을 대하는 부모님의 태도였던 것이다. 아이의 무의식에 내재된 부모님의 태도는 벗어날 수 없는 강력한 독자가 되어, 그렇게 아이와 일평생을 함께한다. 오늘 나는 내 아이의 무의식에 어떤 성격의 독자를 심어주었는가? 우호적인 독자였는가, 비난하는 독자였는가, 아니면 무반응의 독자였는가?

빈 원고지 앞에서는 근거 없는
자신감이 필요하다

요리를 잘하는 사람은 요리하는 걸 좋아하고, 요리가 자신 없는 사람은 요리하기가 싫을 것이다. 이렇듯 사람들은 모두 자기가 잘하는 일은 하고 싶어 하고, 못하는 일은 꺼린다. 글쓰기도 마찬가지다. 글을 잘 쓰는 사람은 글쓰기를 좋아하고, 잘 못 쓰는 사람은 글쓰기를 싫어한다. 그렇다면 무슨 일을 할 때 어떤 사람은 잘하고, 어떤 사람은 못 하는 차이는 언제 처음 생기는 걸까?

스케이트 선수 김연아를 예로 생각해보자. "무엇인가가 아무리 나를 흔들어댄다 해도 난 머리카락 한 올도 흔들이지 않을 것이다"라는 명언을 남겼을 정도로 자타공인 세계 최고의 실력을 갖춘 그녀. 하지만 김연아에게도 처음 스케이트를 타고 빙판 위에 섰던 시작이 분명히 있었다. 보통의 아이들처럼 다리를 부들거리며 겨우 중심을 잡고 서 있다가 이내 콰당하고 넘어진 그 순간 말이다.

이렇게 첫 시작은 누가 봐도 스케이트를 잘 타지 못했음에도 불구하고 김연아는 계속해서 스케이트를 탔다. 이유는 객관적으로 잘하지는 못하지만, 주관적으로 잘한다고 느꼈기 때문일 것이다. 그러니까 스케이트 타는 게 무척 즐거웠고, 그래서 계속하고 싶고, 계속하다 보니 실력이 쑥쑥 늘어 어느새 세계 최고가 되었다.

아이들의 글쓰기에도 시작이 있다. 객관적으로 보면 그 시작은 분명 서툴 테지만, 김연아가 그랬던 것처럼 '나는 제법 잘하고 있어'라고 느낀 아이는 계속해서 쓰기에 도전할 것이고, '너무 어려운데?' '난 글쓰기를 잘 못하는 것 같아'라고 느낀 아이는 더 이상 글을 쓰지 않게 될 것이다. 그러니 아이가 처음 글쓰기를 시작할 때 중요하게 고려해야 할 부분은 '아이가 얼마나 잘 쓰는지'가 아니라 '아이가 글쓰기를 어떻게 느끼느냐'이다. 그리고 이 사실은 글쓰기뿐만이 아니라 앞으로 이어질 아이의 모든 배움에 통용될 기본적인 원리이다.

그러나 아이들이 스스로 잘한다고 느끼는 것은 무척 어려운 일이다. 이유는 바로 한집에 사는 '프로 지적러', 부모님 때문이다. 이상적인 학습 사이클은 우선 학습 활동이 즐겁고, 그래서 계속하고 싶어지고, 반복된 경험이 쌓이면서 결국 잘하게 되는 것이다. 하지만 현실은 이와 반대다. 처음이라 서툴고, 그러니 잘하지 못한다. 여기에 부모님의 지적까지 받게 되니 더 이상 하기가 싫다. 그리고 결국 잘하지 못하게 된다. 애석하게도 현실의 학습 사이클은 이런 악순환의 고리 모양을 하고 있다. 그러니 이걸 끊어내기 위해서는 어른의 인위적인 개입이 필요하다. 바로 아이에게 잘한다는 착각을 심어주는 일이다.

글쓰기에 재미를 붙이는 저학년 지도법

화랑에서는 글쓰기를 처음 시작하는 아이들에게 첨삭 지도를 하지 않는다. 주로 초등 1~2학년까지 이런 교육을 유지한다. 학원의 이 같은 교육 방침으로 인해 아주 오랫동안 선생님이 게을러서 첨삭도 해주지 않는, 글쓰기에 대해 무성의한 태도를 가진 소위 가성비 떨어지는 학원이라는 오해를 받기도 했다. 하지만 지금 화랑은 몇 년의 대기를 해야지만 들어올 수 있는 특별한 학원이 되었다. 경쟁이 치열한 대치동에서 이런 평판을 얻게 된 이유는 그만큼 장기적인 안목으로 볼 때 교육 성과가 뛰어난 학원이라는 입소문 때문이다. 그렇다면 첨삭 없이 아이들의 실력을 키워준 화랑의 특별한 글쓰기 비법은 무엇일까?

첨삭하지 말라고 해서 아이들이 글을 쓸 때 아무것도 하지 말라는 건 결코 아니다. 우선, 첫 번째로 부모님이 할 일은 아이의 글을 평가하고자 하는 생각을 버려야 한다. 이러한 태도는 글쓰기 교육을 위해 가져야 할 첫 단추와 같다. 평가하기보다는 아이가 쓴 글을 기대에 찬 눈으로 바라보고, 긍정적으로 피드백하는 것이 한창 자라나는 아이의 무의식의 독자를 우호적인 독자로 성장시키는 길이다.

평가하고자 하는 태도를 잘 극복했다면 다음 관문은 아이에게 진심을 들키지 않고, 칭찬을 듬뿍 해주는 것이다. 하지만 이 일은 생각만큼 쉽지 않다. 우선 아이들이 쓴 글은 도무지 무슨 말인지 알 수가 없기 때문이다. 글쓰기를 막 시작한 아이들의 글은 마치 초점이 맞지 않은 사진 같다. 글쓰기가 미숙하기 때문에 자신의 생각을 선명하게 표현하지 못하는 것이다. 하지만 이런 미숙한 글쓰기라고 해도 경험이 반복되다 보면 점차 선명하게 자신의 생각을 담아낼 수 있다.

따라서 부모님은 아이가 처음 쓴 글이 서툴더라도 그 글이 세상에서 가장 훌륭한 글이라는 확신을 심어주어야 한다. 그런데 이 '가짜 칭찬'을 들키지 않으려면 적어도 아이가 쓴 글이 무슨 말인지 읽어낼 순 있어야 하지 않겠는가? 그렇기 때문에 글을 쓰기 전에는 아이와 충분한 대화를 하면서 아이가 어떤 표현을 하는지, 무슨 생각을 갖고 있는지 미리 알아둘 필요가 있다.

이때 아이가 대화에 흥미를 느끼고 적극적으로 생각을 말하게 하려면 부모님이 내 말을 귀 기울여 듣고 있다는 걸 느끼게 해줄 필요가 있다. 이걸 증명하기 위해서 대화를 할 때 눈을 맞추고 "○○가 이런 생각을 했구나. 엄마는 못 했던 생각인데" "진짜? 그래서 어떻게 됐어? 궁금해!"와 같은 충분한 리액션이 필요하다.

그렇다고 지나치게 과한 반응을 하면 자칫 대화의 주객이 뒤바뀌어서 아이가 듣는 입장이 될 수 있으니 주의해야 한다. 반대로 리액션이 너무 부족하면 대화에 흥미를 잃은 아이가 생각을 멈춰버릴 수 있으니 이 역시도 주의해야 한다. 아이가 부모님의 반응에 흥이 나서 상황을 구체적으로 이야기할 수 있는 딱 그 정도의 반응이면 충분하다. 이런 충분한 대화가 뒷받침되어야 미숙한 아이의 글을 온전히 이해할 수 있다. 그리고 아이에게 의심받지 않고 무사히 칭찬을 완수할 수 있다.

생각을 막힘없이 써 내려가는 아이

저학년 글쓰기 교육에서 아이의 글을 언제나 고쳐주지 않는 건 아니다. 아이의 주관적인 느낌이나 생각을 쓰는, 말 그대로 창조적인 글쓰기를 할 때는 첨삭 지도를 안 하는 것이 좋다. 하지만 받아쓰기, 알림장, 숙제, 한글 따라 쓰기(글씨체) 훈련, 문제집, 신문 기사와 같은 객관적인 글쓰기를 할 때는 글씨를 알아볼 수 있게 또박또박 쓰는지 확인하고, 띄어쓰기와 철자, 맞춤법 등이 올바른지를 정확히 알려줘야 한다.

특히 저학년 아이들의 경우 좋은 한글 쓰기 습관을 만들기 위해 더 세심하게 신경을 써야 한다. 자칫 잘못된 한글 쓰기 습관이 고착되면 나중에 바로 잡기가 쉽지 않기 때문이다. 또 맞춤법을 너무 늦게 익히면 학습 과정에는 큰 지장이 없을지 몰라도 학교에서 좋은 평가를 받기 어렵다. 친구들은 이미 다 알고 있는 쉬운 맞춤법을 틀린다면, 부모님은 불안한 마음에 아이를 재촉하게 되고 아이는 학습에 대한 자신감을 잃을 수도 있다. 따라서 너무 완벽한 맞춤법을 선행할 필요까진 없지만 적당히 학년에 맞는 속도로 진도를 나가는 것이 좋다. 아이들은 대외적인 자신의 이미지를 어른만큼이나 중요하게 생각한다.

중요한 것은 한글 떼기 과정에서 하는 글씨 교정이나 맞춤법 같은 객관적인 글쓰기 교육과 자신의 생각과 느낌을 적는 창조적인 글쓰기 교육의 기준을 다르게 두어야 한다는 것이다. 이 둘을 구분하지 않고 같은 잣대로 아이를 교육하면 자칫 글쓰기에 대한 잘못된 인식을 심어주게 된다.

강박증에 가까운 완벽주의자처럼 쓰고 지우기를 반복하는 아이, 맞춤법, 띄어쓰기에 대한 질문을 계속하며 선생님이 확인해 준 것만 적으려고 하는 아이, 객관적 사실인 줄거리만 쓰는 아이, 심지어는 마침표를 어디에 찍냐고 물어보는 아이도 만난 적이 있다. 안타까운 일이지만 고학년 아이들을 지도하다 보면 굳이 누구의 사례라고 말할 필요가 없을 정도로 이런 아이들을 자주 만나게 된다. 스스로의 힘만으로는 글쓰기를 할 수 없는 것이다.

이 아이들은 모든 글쓰기에 정답과 오답이 있다고 생각한다. 이런 고정관념으로 인해 아이는 자신이 오답을 적는 건 아닌지 망설이고, 이로 인해 사고의 흐름이 툭툭 끊기니, 글쓰기를 통한 사고의 확장은 당연히 안 된다. 이렇게 몰입하지 못한 채 쓴 글에서는 글맛이 느껴질 수 없다.

맞춤법, 글씨 교정과 같은 첨삭은 아이가 쓴 오늘의 글을 빛나게 만든다. 하지만 우호적인 독자를 내재하고 생각을 막힘없이 써 내려간 글은 아이의 미래를 더욱 빛나게 만든다. 이 둘 사이에서 균형을 잡기란 쉽지 않겠지만, 세상 무엇보다 소중한 아이를 위해서 두 마리 토끼를 다 잡는 현명한 부모가 되기를 응원한다.

아이의 말투가 그대로
글이 되게 하라

좋은 글이란 어떤 글일까? 많은 부모님들은 아이에게 글쓰기를 가르칠 때 '서론-본론-결론'의 짜임새 있는 구성, 완벽한 문법 구사, 꾸밈말과 고급 어휘 활용 등을 가르친다. 이렇게 해서 아이가 수준 높은 지식을 군더더기 없이 완벽하게 글에 담아낼 수 있다면, 정말 글을 잘 쓰는 걸까?

사실 아이들을 가르칠 때 이런 케이스가 가장 힘들다. 틀린 점을 찾아낼 수는 없지만 전달되는 느낌도 없다. 글쓴이의 체온이 전혀 느껴지지 않는 글은 생기 없는 차가운 조각품 같다. 그런데

276

초등 저학년 때는 이런 또래답지 않은 어른스러운 글이 좋아 보이기도 한다. 하지만 기계가 쓴 것처럼 완벽한 글은 학년이 올라갈수록 경쟁력을 상실하게 된다. 그럼 학년이 올라가서도 빛날 경쟁력 있는 글을 쓰려면 어떻게 해야 할까?

글 잘 쓰는 아이들의 공통점

글을 쓰고자 할 때 긴장하게 된다면 너무 경직돼서 자기 색깔을 담아낼 수 없다. 노자의 핵심 주장처럼 '자연스러운 건' 가장 뛰어난 경지이며 완벽한 상태다. 스포츠를 배울 때를 생각해보면 종목을 불문하고 초보와 프로의 차이는 모두 같다. 초보는 힘이 잔뜩 들어가 있고, 프로는 힘을 빼고 자연스럽게 신체의 가동 범위를 사용한다. 글도 그렇다. 잘 쓴 글은 자연스럽다. 이 자연스러움의 원천은 무엇일까? 바로 글에 대한 자신감 위에 진정성 있는 태도로 썼을 때 그렇다.

이걸 가질 방법은 하나다. 많이 써보고 긍정적인 피드백을 많이 받아보면 된다. 이건 어른과 아이가 다르지 않다. 지금까지 봐온 아이 중 종완이는 눈에 띄게 글을 잘 쓰는 아이였다. 뭘 쓰게 해도 종완이가 쓰면 재밌다. 독후감을 쓰라고 했는데 책 내용에 푹 빠진 아이가 줄거리만 주야장천 나열했음에도 그조차 재밌었다. 통제 불능 개구쟁이 종완이지만 글을 쓸 때는 제법 진지했다. 이 장난기 가득한 아이는 글을 쓸 때 전혀 긴장하지 않았다. 그저 하고 싶은 말을 누구보다 열정적으로 써내려갔다. 이렇게 부담 없이 쓴 종완이의 글은 아이의 생각을 그대로 한 국자 뚝 떠다 옮겨놓은 듯 생동감이 있었다.

이런 태도는 종완이뿐만 아니라 글 잘 쓰는 다수의 아이들이 보이는 특징이다. 이 아이들의 무기는 바로 자연스러움과 진정성이다. 마치 본래 자기 자신을 보여주듯 자연스러운 메서드 연기를 하는 배우처럼 말이다. 거기에 한 가지를 덧붙이자면 아이를 똑 닮은 문체를 들 수 있다. 이 문체는 별다른 특징이 없는 밋밋한 내용에 생명을 불어넣어 아이의 글을 재밌게 만든다.

아이다운 생각을, 아이다운 문장으로 쓰게 하라

따지고 보면 글쓰기 재능은 아주 간단하다. 좋은 내용을, 좋은 구성으로, 개성 있게 담아낼 수 있으면 된다. 초등학교 저학년 아이들이 글쓰기를 처음 시작할 때, 이 세 가지 중 무엇을 우선해서 배워야 할까?

좋은 내용과 구성은 아직 글쓰기 초보인 아이들이 컨트롤할 수 있는 영역이 아니다. 이것은 사고력이 무르익어 글 전체를 조망할 수 있을 때 얻어지는 능력이다. 하지만 이 시기 아이들은 보통 생각나는 대로, 자기가 하고 싶은 얘기를 나열하지 않는가. 오직 저학년 때만 기를 수 있고, 이후에는 노력해도 쉽게 바꿀 수 없는 부분은 바로 개성 있는 문체다. 글쓴이의 기분이 고스란히 배어 있는 담백한 글이야말로 사람들의 공감을 이끌어내는 힘 있는 글이 된다.

　다음은 초등학교 1학년 학생이 《코끼리 스텔라 우주 비행사가 되다》라는 책을 읽고 주인공을 소개한 글이다.

① 코끼리 스텔라는 최초의 우주 비행사가 되고 싶다는 목표가 있었습니다. 목표를 이루기 위해서 스텔라는 매일 지식을 쌓고 노력을 했습니다. 스텔라는 지구력, 인내력, 끈기가 있었습니다. 나도 그런 점을 본받아 목표를 이뤄야겠습니다.

암펠리스 포켓몬

② 코끼리 스텔라는 최초의 코끼리 우주 비행사가 되고 싶다는 꿈이 있었어요. 왜냐하면 코끼리처럼 큰 동물이 도전하면 다른 동물도 더 자신감이 생기기 때문이에요. 암펠리스 포켓몬은 이백 킬로그램이 되는데 노력 때문에 빨리 걸을 수 있습니다. 코끼리도 노력을 꾸준히 하면 성공해서 드라마에 나올 수 있습니다. 스텔라는 자기를 30번은 믿고 할 수 있다고 다짐했습니다.

①의 글은 고급 어휘를 사용해 문장이 아주 매끄럽게 작성되었다. 또한 스스로 깨달은 바까지 완벽하게 적어냈다. 다만 지나치게 힘을 주어 쓰다 보니 모든 요소가 틀리지 않았음에도 불구하고 1학년 아이가 썼다기에는 어딘가 어색하고 불편한 마음이 든다. 반면 ②는 문장이 다소 어색하지만 온전히 힘을 빼고 연필이 흘러가는 대로 쓴 문체가 살아있는 글이다. 아이의 머릿속에 떠오른 생각을 거르지 않고 편하게 풀어놓아 문장 자체는 어색하지만 아이가 쓴 글이라는 것을 단번에 알아볼 수 있고 읽기에도 편안하다.

이렇게 문체가 살아있는 아이들 글에서는 저마다의 분위기가 느껴진다. 장난기가 가득한 글도 있고, 반대로 지나치게 의젓하거나 계속 질문하고 설명하는 선생님 같은 스타일의 글도 있다. 공격성이라곤 전혀 느껴지지 않는 평화주의자, 차분하고 다정다감한 글, 엉뚱하게 자꾸 이리저리 튀어 다니는 글 등 각기 다른 분위기의 문장 톤이 존재한다. 문장에 아이의 성격이나 말투가 고스란히 배어 있는 것이다. 화랑에서는 이러한 아이들 개개인의 문체를 보존해주는 것을 글쓰기 교육의 중요한 목표로 삼는다.

다음의 글은 7세 아이가 수업 시간에 《완두》라는 그림책을 읽고 쓴 것이다. 맞춤법도 엉망이고 "아아아완두완두"가 단순하게 반복되어 장난스럽게 보인다. 하지만 이 글을 읽고 있으면 아이

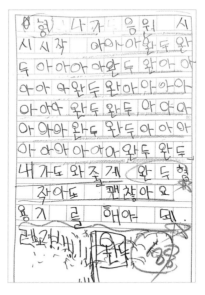

그림책 《완두》를 읽고 쓴 7세 아이의 글

가 열정적으로 완두를 응원하는 소리가 귓가에 들리는 듯하다. 또한 아이가 이 순간 글쓰기를 얼마나 흥겨워했는지도 느껴진다. 이처럼 좋은 글은 말쑥한 구성과 특별한 내용이 아닌, 몰입과 자연스러움을 통해 만들어진다.

그런데 문체는 배워서 터득하는 글쓰기 스킬과 달리 누가 가르칠 수 있는 게 아니다. 그냥 내가 사용하는 언어 습관, 성격이 배어 나와 말투가 되는 것처럼 문체도 그 사람이 갖고 있는 특징이 자연스럽게 반영되어 나만의 개성이 담긴 '글투'가 되는 것이다. 그렇기 때문에 문체를 소거당하지만 않는다면 모든 사람이 세상에 단 하나뿐인 특별한 문체를 가질 수 있다.

하지만 문체를 삭제당하지 않기란 무척 힘든 일이다. 미약한 글쓰기 능력을 가진 아이들의 문체는 특히 그렇다. 마치 갓 자란 싹처럼 조금만 잘못 스쳐도 이내 망가져 버린다. 채 자라보지도 못한 채 말이다. 그래서 아이들의 글을 다룰 땐 유리처럼 조심스러워야 한다. 우악스러운 개입은 아이들의 문체를 밟아버린다. 그러니 이 시기 아이들에게 완벽한 문장을 구사하게 만들기 위해 모범이 되는 타인, 특히 아이에게 마치 맞지 않는 옷 같은 어른의 문어체를 흉내 내는 글을 쓰게 하기보다 아이만의, 아이다운 글을 자꾸 써보게 해야 한다.

아이는 원래 아장아장 글을 써야 한다. 비문을 쓰는 건 당연한 일이고, 다양한 어휘를 사용하지도 못한다. 맞춤법도 틀릴 수 있다. 그런 아이들이 자기만의 문체를 채 확립하기도 전에 인위적으로 미사여구를 남발하는 법, 의성어·의태어를 사용하는 법 등을 가르치는 건 가장 소중한 개성을 파괴하는 무자비한 일이다. 아이가 아이다운 문장으로, 아이다운 생각을 썼을 때 그 글이 세상에서 가장 잘 쓴 글이라는 걸 아이가 알 수 있도록 콕 집어 피드백해야 한다. 미숙한 자기 글에 자부심을 느끼는 아이가 당당하게 생각을 펼치며 좋은 문체도 만들어갈 수 있다.

생각의 속도로 글을 쓰기 위해 꼭 갖춰야 할 필력

화랑에서 글쓰기를 지도할 때 우호적인 독자를 내재해주는 것만큼 공들이는 부분이 있다. 바로 필력을 키워주는 일이다. 보통 아이들은 생각의 속도만큼 빠르게 글씨를 쓰지 못한다. 그 결과 생각을 고스란히 글자로 옮기는 글쓰기라는 작업을 할 때 중간중간 맥락을 놓치곤 한다. 한마디로 띄엄띄엄 쓴다. 이건 비단 아이들만의 문제가 아니라 숙련도가 높지 않은 대다수 사람들이 글쓰기를 어렵게 느끼는 이유이기도 하다. 그렇기 때문에 글을 제대로 배우기 전에 글 쓰는 손이 생각의 속도를 따라올 수 있을 정도로 필력을 충분히 끌어올리는 일은 반드시 선행되어야 한다.

그런데 아이들은 글을 쉽게 쓰지 못한다. 손이 아프기도 하고, 글을 쓸 때에는 책을 읽는 것보다 몇 배 더 밀도 높은 집중력이 필요하기 때문이다. 이로 인해 글쓰기는 아이, 어른 할 것 없이 힘든 일이다. 하지만 이렇게 밀도 높은 집중력은 글쓰기를 할 때가 아니면 쉽게 접하기 힘들다. 그래서 글쓰기가 공부 집중력을 강철처럼 단단하게 만들어주는 좋은 집중력 훈련이 되기도 한다.

글의 수준을 떠나 보통 1,000자 정도의 글을 몰입해서 손으로 꾹꾹 눌러쓰는 정도의 집중력은, 3시간가량을 쉬지 않고 공부할 정도의 집중력과 맞먹는다. 이렇게 얻을 게 많은 글쓰기 훈련을 지속적으로 반복할 수만 있다면 얼마나 좋겠는가. 그러나 아이들은 글쓰기를 싫어한다. 그래서 화랑에서는 글쓰기를 마치 축구 경기하듯 진행한다.

모두 승자가 되는 화랑의 글쓰기 경쟁

화랑의 독서 수업에서는 먼저, 엄선된 양질의 책을 집에서 여러 번 반복해서 읽어오도록 한다. 이를 통해 책 내용을 충분히 숙지할 수 있다. 그 후, 수업 시간에는 앞서 설명한 스토리텔링 수업과 같이 미리 책 내용을 분석하여 설계한 가상의 세계에서 작가가 전하고자 한 메시지를 깊이 공감해보는 경험을 제공한다. 이어서 그 경험을 통해 느낀 바를 친구들과 토론하는 시간을 갖는다. 이러한 과정을 통해 아이들은 책에 대한 즐거운 경험을 쌓고, 책을 깊이 있게 이해하는 습관을 기를 수 있다.

그런 다음에는 독후 활동으로 반드시 글을 써보게 한다. 이때 글쓰기 수업 시간은 한판 후련하게 뛰는 축구 경기같이 설계되어 있다. 아이들은 누가 더 오래, 그리고 많이 쓰는지 경쟁한다. 글쓰기를 많이 해보지 않아 한 줄밖에 못 쓰는 아이여도 상관없다. 이 경기에서 아이들은 모두 승자다. 한 줄을 쓰는 아이는 두 줄을 쓰면 칭찬을 받는다. 10장을 쓰는 아이가 또 10장을 써도 칭찬을 받는다. 설령 9장을 써도 칭찬받는다. 아이들이 한 호흡에 긴 글쓰기를 한다는 건 그 자체만으로도 대단한 일이다.

도저히 칭찬할 거리가 없는 날이라도 괜찮다. 표현에 대해 찬사하면 된다. 어차피 저학년 아이들은 객관적인 판단을 아직 못하지 않는가. 이렇게 하면 아이들은 자기가 글을 무척 잘 쓴다고 생각하기 때문에 글쓰기 시간을 손꼽아 기다린다. 이런 수업 문화 덕분에 "축구가 너무 좋은데, 잘하는 건 글쓰기라서 고민이에요"라고 진지하게 말하는 아이를 만나는 건 적어도 화랑에서는 흔한 일이다. 이렇게 글쓰기가 자신만만하고 좋은 아이는 숨이 턱에 찰 때까지 마음껏 글을 쓸 수 있다. 이런 글쓰기 경험이 누적되었을 때 아이는 자연스럽게 필력을 확보할 수 있다.

글의 시작을 열어주는 대화법과 첫 문장 패턴

하지만 막상 이런 방법을 가정에서 적용하려고 할 때 당황할 수 있다. 한 줄이든 두 줄이든 일단 써야 칭찬을 해줄 텐데 아이는 도무지 글쓰기에 관심이 없을 테니 말이다. 그러니 이제 전혀 안 쓰려고 하는 아이와의 씨름 한판에서 이길 수 있는 노련한 부모님이 될 방법에 대해 고민할 차례다.

시작을 못 하는 아이에게 뭐라도 한 줄 쓰게 하기 위해서는 우선 쓰기 자체보다 쓸거리를 찾아주는 데 집중할 필요가 있다. 또 그러기 위해서는 아이가 좋아하는 파트, 대상, 내용 등에 대해 알아야 한다. 이때 필요한 것은 아이에 대한 관심이다. 까르르 웃었던 대화, 신나게 말했던 것들을 부모님이 대신 기억해주고 그 내용을 쓸 수 있도록 도와줘야 한다.

아이의 말을 듣는 태도에도 신경을 쓸 필요가 있다. 아이가 신나서 말할 때 너무 재밌다는 듯이 다소 과장된 리액션을 해주면, 나중에 그 내용을 글로 옮겨 적을 때도 자신감을 갖게 된다. 어색한 연기처럼 보이더라도 "도연이 말을 듣고 보니 그렇네!"와 같이 아이의 말을 통해서 엄마도 새롭게 알게 되었다는 점을 강하게 어필하는 것도 좋다. 예를 들면 아이가 "박유찬이랑 친해지려고 놀이터에서 오다리 놀이 했어"라고 이야기한다면 "아, 채아는 유찬이랑 친해지고 싶었구나" "아, 유찬이는 오다리 놀이를 좋아하는구나" 하고 이야기할 수 있다. 혹은 "친구랑 잘 지내려면 친구가 좋아하는 걸 함께하는 게 중요하구나! 엄마도 채아 덕분에 알게 됐네. 우리 채아는 어쩜 이렇게 지혜로운 어린이니"라고 맞장구를 치는 것이다. 부모님의 이런 반응을 통해 아이는 내 생각을 말이나 글로 펼쳤을 때 비로소 상대방이 알게 된다는 걸 깨닫고, 이 같은 표현에 자신감을 갖게 된다.

하지만 말은 신나게 했는데 막상 쓰려고만 하면 생각이 안 난다고 할 수도 있다. 이럴 땐 부모님이 대신 기억해주고 아이의 글씨 쓰는 속도에 맞춰 천천히 불러주는 것도 좋다. 기억할 자신이 없다면 적어두었다가 보여주는 것도 좋다. 화랑에서도 아이가 말한 걸 선생님이 기억해주거나 칠판에 미리 적어준다. 이때 중요한 건 아이의 말 그 자체를 마치 녹음해둔 것처럼, 각색하거나 수정하지 말고 고스란히 기억했다가 돌려줘야 한다는 것이다. 그래야 아이가 그것을 자기 생각이라고 인식하고, 내 생각과 남의 생각을 구분할 수 있다.

이런 일이 익숙해진 아이는 생각을 말할 때 "엄마, 이건 이따 쓸 거니까 대신 기억해줘"라고 부탁하게 된다. 처음에는 생각을 부모님의 기억에 보관해두지만 차츰 쓰기 숙련도가 높아지면서 이런 도움 없이 스스로 쓸 수 있게 된다. 이것은 글을 시작하지 못 하는 아이뿐 아니라 한글을 막 떼고 글쓰기를 처음 시작하는 초등 1~2학년 아이들에게도 좋은 방법이다. 처음부터 이렇게 아이의 말투와 똑같이 문장을 쓰게 하면 자기만의 개성이 담긴 생생한 문체를 가질 수 있다.

하지만 아직 어린아이들이 생각을 말하는 것은 다소 어려울 수도 있다. 그럴 때는 책 내용 일부를 따라 적게 해봐도 된다. 이때도 아이가 좋아하는 장면을 찾아서 적어 보게 하면 된다. 어떤 방법이든 아이가 글을 쓰도록 만들기 위해서는 즐거운 대화가 우선되어야 하며, 그러자면 아이에게 먼저 관심을 가져야 한다.

간혹 첫 문장부터 틀릴까 봐 시작을 못 하는 아이도 있다. 이런 경우에는 다음과 같이 이야기를 열어주는 문장 패턴을 몇 개 기억해두었다가 아이에게 알려주자. 어른들도 글을 쓸 때 첫 문장이 가장 어렵다. 첫 번째 문장만 도와줘도 이후는 아이가 망설임 없이 써 내려갈 수 있다.

첫 한 줄을 쓰는 건 글쓰기에 대한 자신감과도 직결된다. 오래 고민하고 망설이며 시작을 못 하는 것보단 글 내용과 어울리지 않아도 일단 쓰게 하고, 이후 글을 완성한 후 다시 첫 줄을 고치면 그만이다. 그러니 첫 줄부터 완벽한 글쓰기를 해야 한다는 부

문장 패턴	예문
내가 좋아하는 건~	**내가 좋아하는 건** 자전거다. 타면 신이 난다.
내가 잘하는 건~	**내가 잘하는 건** 수학이다. 선생님한테 칭찬도 열 번 넘게 받았다.
엄마랑 ~에 다녀왔다.	**엄마랑** 마트**에 다녀왔는데** 겨울이라 군밤이 있었다.
아빠랑 ~한 날이다.	**아빠랑** 요리를 **한 날이다.** 무슨 요리였냐면 샌드위치!
~에서 있었던 일이다.	깊고 까만 정글 숲**에서 있었던 일이다.**
이 일은 ~로부터 시작되었다.	**이 일은** 정말 작은 거짓말**로부터 시작되었다.**
~에 대한 이야기다.	지금 내가 쓰려는 글은 약속**에 대한 이야기다.**
이 책의 주인공은~	**이 책의 주인공은** 모든 것을 다 가진 욕심 왕이다.

글쓰기가 쉬워지는 첫 문장 패턴들

담을 갖지 않게 해주는 게 좋다.

글쓰기 자체에 도저히 흥미가 없는 아이라면 '엄마가 세 줄 써주기' '누나가 두 줄 써주기' '오늘 쓰기는 패스!' 같은 보너스 팁을 넣어 뽑기를 해보는 것도 좋다. 이렇게 한 편의 글을 가족이 나누어 써보는 것도 좋은 방법이다. 이런 장치들은 아이로 하여금 글쓰기를 혼자가 아닌 함께하는 놀이와 같이 느끼게 한다.

글쓰기를 시작할 적기는 언제일까?

마지막으로 생각해볼 점은 글쓰기를 시작하는 타이밍이다. 많은 부모님들이 자신이 쓰게 하려고 마음먹었을 때 아이에게 글쓰기를 시키려고 한다. 그러고는 갖은 정성으로 파이팅이 넘치게 노력을 쏟는다. 하지만 이건 부모님의 생각일 뿐 아이가 쓸 마음이 있을 때 쓰는 것이 제일 좋다. 아이를 잘 관찰하고 많은 대화를 나누다 보면 절호의 찬스를 찾아낼 수 있다. 그리고 이런 노력을 통해 글은 의무적으로 써야 하는 것이 아니라, '쓸 내용과 쓰고 싶은 마음이 있을 때' 쓰는 거라는 첫인상을 심어줄 수 있다. 시작이 반이라는 말은 괜히 있는 말이 아니다.

글쓰기를 별 고민 없이 쉽게 가르치는 부모님은 아마 거의 없을 것이다. 모두가 아이를 위해 부단히 노력한다. 우리가 꿈꾸는 특별한 글쓰기 실력은 일단 쓰고, 많이 써 보는 데서 출발한다. 이건 글쓰기 불변의 법칙이다. 또 그러기 위해서 아이에게 필요한 건 부모님의 관심과 응원이다. 내가 먼저 이런 환경을 뒷받침해줄 수 있는 좋은 부모로 성장했을 때 아이의 실력도 성장한다는 점을 명심해야 한다.

글쓰기 분량을 늘리는
단계별 전략

본격적으로 필력 키우기에 돌입하게 되면 분량을 늘려가는 단계별 전략이 필요하다. 그리고 이를 통해 글을 쓰는 데 필요한 기본적인 요소를 하나씩 익혀가야 한다. 아이들이 처음 글쓰기를 시작할 때부터 긴 통글 쓰기를 할 수 있는 건 아니다. 이건 아마 생각만 해도 부담스러울 것이다.

처음에는 한 줄에서 두 줄로, 두 줄에서 세 줄로 문장을 늘려가는 연습부터 해야 한다. 그런 다음 하나의 글감으로 한 단락의 글을 쓰는 훈련을 하는 게 좋다. 이 연습이 충분히 되고 난 후 두 단락 쓰기를 연습하게 한다. 이때부터는 두 개의 단락이 매끄럽게 연결되도록 단락의 호응에 중점을 둔 피드백을 해줘야 한다. 단락 쓰기는 한 가지 주제를 구체적으로 다루는 연습이 되는데, 이런 연습을 충분히 해준 후 통글 쓰기에 들어가야 한다. 지금부터 한 문장 쓰기를 시작으로 통글을 쓰기까지 단계별 전략에 대해 살펴보자.

1단계
짧은 문장 반복해서 쓰기

아이들은 보통 한글을 배우는 7~8세에 처음 글쓰기를 시작하게 된다. 이때는 우선 형식이 없는 자유로운 쓰기로 접근하는 것이 좋다. 써야 할 내용도, 얼마나 써야 하는지도, 쓸 장소도 미리 정하지 말고 아이가 원하는 대로 쓰게 하면 된다. 꼭 노트나 원고지로 시작할 필요도 없다. 아이가 연필이나 색연필로 종이에 뭔가 끄적거리고 싶어 할 때, 그때가 쓰기를 시작할 적절한 타이밍이다.

이때 아이를 잘 관찰해서 아이가 관심을 갖는 대상을 찾고, 그 대상에게 하고 싶은 말을 글로 써보게 하는 것도 좋은 방법이다. "앤 누구야? 곰돌이야? 곰돌아 안녕! 밥 먹었니? 넌 뭐하니?"라는 식의 질문을 하고 아이가 대답하면 그 대답을 천천히 적는 것이다.

이렇게 해서 한두 줄이라도 글을 쓰게 되면 부모님은 아이의 첫 번째 독자라는 점을 명심하고 "아주 멋진 글인데? 작가님이네~ 잘 썼어!"라며 호들갑스럽게 리액션을 해주어야 한다. 그리고 이때 쓴 글을 모아두면 좋다. 대수롭지 않은 글도 정성스럽게 모아두는 부모님의 모습을 보고 아이는 '나는 글 쓰는 아이야'라는 인식을 갖게 된다.

그러고 나서 앞으로 글쓰기 연습을 할 노트나 원고지를 보여주며 "이건 쓰기 노트야. 형아들이 쓰는 건데 준환이는 나중에 손에 힘이 더 생기면 써보자! 연습을 많이 하고 있으니까 금방 쓸 수 있을 거야"라는 식으로 이후에 사용할 쓰기 노트에 경계심을 갖지 않도록 미리 익숙하게 만드는 작업이 필요하다.

아이가 한두 줄이라도 쓸 수 있게 되면 목적이 있는 글쓰기를 시키는 것도 좋은 동기부여가 된다. 부모님과 짧은 메시지를 포스트잇에 적어 주고받는 것이 문장 쓰기에 도움을 줄 수 있다. 이를테면 엄마가 출근 전에 작은 종이에 편지를 남기면 아이가 뒷면에 답장을 쓰는 식으로 말이다.

이런 접근은 글을 쓰는 행위가 부담스럽고 어려운 과제가 아니라 사랑하는 사람에게 마음을 전하는 일이라는 인상을 심어준다. 그래서 아이로 하여금 더 적극적으로 생각과 감정 등 전하고 자 하는 바를 문장으로 표현하고 싶게 만들 수 있다. 이때도 아이의 맞춤법을 지적하거나 수정하지는 말아야 한다. 아이가 전한 메시지 자체에 크게 감동하는 인상을 줘야 문장을 쓰는 데 망설임이 없어진다.

(2단계)

주어진 소재로 한 단락 쓰기

한두 줄씩 부담 없는 쓰기를 두 달 정도 연습하고 나면 이제 5~8줄 내외의 단락 쓰기에 도전해볼 차례다. 그런데 단락 쓰기라고 해서 특별히 거창할 건 없다. 이전에는 '곰돌이에게 하고 싶은 말'을 한두 줄로 썼다면 이제는 좀 더 구체적으로 내용을 덧붙이는 것이다. 아이가 '곰돌이가 좋다'는 내용을 적었다면 멋진 곰돌이랑 뭘 하고 싶은지, 곰돌이가 어떻게 지냈으면 좋겠는지, 곰돌이는 무엇을 할 때가 가장 멋진지 등 좀 더 생각할 거리를 던져줘서 곰돌이가 좋은 이유에 살을 붙여가도록 한다. 이때 아이의 반응과 속도를 살피며 "저번 글보다 더 긴 글도 쓸 수 있게 됐구나!"라고 격려해주면 된다.

그런데 만약 많은 노력에도 불구하고 아이가 글을 더 쓰려고

294

하지 않는다면 아이의 태도를 지적할 것이 아니라 아이의 팔이 아픈 탓으로 돌리는 게 좋다. "팔에 힘이 모자라지? 하지만 오늘은 이만큼이나 썼으니 내일은 더 쓸 수 있을 거야!" "열심히 노력한 팔한테 칭찬해줄까? 팔 주물러줄게. 이리 와 봐"라며 글쓰기가 힘들다는 것을 알아주면 큰 위안이 될 뿐만 아니라 이후 용기를 내는 동기가 될 수 있다.

부모님과 함께 대화하며 쓰기 연습을 하다 보면 제법 글쓰기가 익숙해진다. 그럼 이후에는 본격적인 단락 쓰기 연습을 시작할 수 있다. 그런데 이때 아이에게 그냥 쓰라고 하면 뭘 써야 할지 몰라 막힐 때가 많다. 그렇기 때문에 최대한 풀어 쓰기 쉬운 소재를 주는 것이 좋다. 또한 긴 글을 쓰려다 보면 중간중간 글이 막히거나 어려움을 느낄 수 있으니, 아직 쓰기가 익숙하지 않다면 부모님이 적당한 거리에서 티 나지 않게 도움을 주는 것도 좋다.

단락 쓰기 연습에 좋은 방법으로 하루 한 편씩 일기 쓰기가 있다. 단락 쓰기의 핵심은 한 가지 주제로만 긴 글을 완성하는 데 있다. 그러니 단락 쓰기 연습을 시킬 목적이라면 일기의 소재를 미리 구체적으로 적어주는 것이 좋다. 최대한 구체적인 소재를 던져주는 것이 아이의 글쓰기 부담을 낮추는 길이다. 우리 가족 칭찬하기, 이번 겨울에 하고 싶은 일 생각해보기, 가장 좋아하는 색깔과 그 색을 가진 것들 찾아보기 같은 식으로 말이다.

마지막으로 아이가 쓴 글을 볼 때는 항상 우호적인 독자가 되어야 한다는 점을 잊지 말아야 한다. "그런 생각을 했구나. 엄마도 그렇게 생각해"라는 공감과 격려가 깃든 코멘트를 해주는 건 아이로 하여금 몇 년간 멈추지 않고 일기를 쓰도록 하는 원동력이 된다.

3단계

단락의 호응에 맞춰 두 단락 완성하기

500자 이상의 글을 신나게 적을 정도로 단락 쓰기 연습이 무르익었다면, 이제부터는 단락을 나눠서 두 단락 쓰기에 도전해볼 수 있다. 이때 첫 번째 단락에 이어질 내용에 대해 아이가 막막해하지 않도록 충분히 대화하는 것이 도움이 된다. 앞 단락을 짧게 요약하고, 취지에 대해 다시금 정리한 다음 두 번째 단락의 방향을 아이와 함께 논의해서 결정하는 것이다.

이때 두 개 단락을 매끄럽게 연결 짓기 위해서는 단락의 호응 관계를 이해하는 것이 중요하다. 두 개 단락이 서로 상반되는 이야기를 하는지, 부연 설명을 하는지, 개인적인 경험을 더해 쓰는 것인지 등 단락 간의 관계성을 이해해야 흐름이 매끄러워진다. 글쓰기는 파도와 같아서, 파도가 너울너울 이어지는 것처럼 아이가 쓰는 글도 결국 하나로 연결되어 있다는 걸 설명해주면 좋다. 상승하는 단락이 있다면 하강하는 단락이 이어진다. 글 안에서 이런 파도는 끊이지 않고 계속된다.

이때 아이가 활용할 수 있는 다양한 접속부사와 연결어가 있다. 문해력에서도 글의 앞뒤 관계를 파악하는 데 아주 중요한 역할을 하는 것이 바로 접속부사이다. 글을 읽을 때도 접속부사를 파악하는 것은 글의 핵심을 정확하고 빠르게 인지하는 방법이다. 글을 쓸 때 이런 접속부사와 연결어미를 활용해 2~3개의 문단으로 글을 작성하는 연습을 하면 매끄러운 연결 기술을 익히게 된다.

이때 접속부사를 카드로 만들어 두 번째 문단을 시작하는 연습을 해볼 수 있다. 첫 번째 단계로, 무작위로 카드를 뽑아 나오는 접속부사로 어울리는 뒷 내용을 적어보는 것을 추천한다. 이건 비교적 단순한 방법이다. 두 번째 단계는 글의 접속부사를 지우고 어울리는 단어를 골라보는 것이다. 그 후 각기 다른 성격을 가진 접속부사도 대입해보고 문장의 의미가 어떻게 바뀌는지 이야기해본다. 예를 들어 "토끼와 사자는 친구다"라는 문장 뒤에 어떤 접속부사가 적히는지에 따라 뒷 문장의 의미는 크게 달라진다.

이렇게 글쓰기를 연습해보면 한 단락씩 중구난방으로 하고 싶은 말을 하는 글에서 자신의 생각을 나름의 논리로 전개하고 설

접속부사	예시
순접	그리고, 게다가, 더욱이, 더구나, 아울러, 뿐만 아니라, 동시에, 그런 점에서, 어쩌면, 하물며, 이처럼, 이같이, 바로
역접	그러나, 하지만, 그렇지만, 그럼에도, 반면에, 도리어, 오히려, 반대로
인과	그러므로, 따라서, 그러니까, 그리하여, 그렇게, 때문에, 그래서, 그러면, 그러니, 급기야, 마침내, 왜냐하면
전환	그런데, 다른 한편, 그렇기는 해도, 다만, 바꿔 말하면
보완	즉, 곧, 말하자면, 예를 들면, 일례로, 사실상, 예컨대, 덧붙여, 구체적으로
종결	끝으로, 결국, 결론적으로, 마지막으로

단락의 호응을 이어주는 접속부사

명하는 글로 그 체계가 금방 잡힌다.

단락을 매끄럽게 연결하는 기술은 아이들에겐 무척 어려운 일이다. 그러니 아이가 잘 이해하지 못한다고 해서 실망하지 말고, 당장 가르치려 들기보다는 매끄럽게 연결하려 애쓰지 않아도 쉽게 연결할 수 있는 글감을 선정해서 좀 더 연습한 후 시간을 갖고 천천히 가르쳐도 충분하다.

두 단락 쓰기 연습을 통해 단락 연결에 대해 배우게 되면 이후 세 단락, 혹은 네 단락의 글쓰기는 따로 배우지 않아도 자연스럽게 할 수 있다. 이런 식의 통글 쓰기 훈련은 적어도 1~2년 정도 반복하는 게 좋다. 이 기간은 필력과 함께 글쓰기에 대한 태도를 만드는 토목공사 같은 시간이다. 건물을 지을 때도 막상 집을 올리는 건축 공사보다 단순해 보이는 토목공사가 더 까다롭고 오랜 시간을 필요로 한다. 글쓰기도 이와 유사하다. 글쓰기의 외형을 구성하고 다듬는 기술인, 일명 첨삭을 시작하기 전에 기초 공사를 빈틈없이 해둬야 한다. 그렇기 때문에 이 기간은 길면 길수록 좋다.

서론, 본론, 결론에 맞춰 개요 짜는 법

어느 정도 필력이 갖춰지고 글쓰기에 대한 '근거 없는 자신감'이 충분히 무르익으면 아이들에게는 글을 더 잘 쓰고 싶다는 욕심이 생긴다. 또 그로 인해 자기 글의 단점을 보완하고자 하는 적극적인 태도가 만들어진다. 그럼 이제 본격적인 글쓰기 스킬을 배울 때가 도래한 것이다.

글쓰기 스킬의 첫 번째 단계는 짜임새 있게 구조를 짜서 글을 쓰는 구성 훈련이다. 이때 가장 먼저 해야 할 일은 글의 구성부인 서론, 본론, 결론의 역할을 명확히 이해하는 것이다. 아이들 중에는 아주 어릴 때부터 '서론-본론-결론'의 구성으로 글 쓰는 훈련을 한 경우가 많다. 하지만 각각의 구성부가 주제를 전달하기 위해 어떤 역할을 할지 진지하게 고민하기보단 그저 외형만 흉내 내는 경우가 태반이다.

이건 칸 나누기를 하는 것 같은 개요 공식을 주고, 거기에 정해진 분량의 글자를 채워 넣는 식으로 통글 쓰기를 배웠기 때문이다. 이런 식으로 구성을 배우면 마치 공장에서 찍어낸 것 같은 글을 쓰게 된다. 군더더기 없이 깔끔하고 흠잡을 데도 없지만 글을 읽었을 때 울림은 없고 공허한 껍데기만 있는 것 같은 글 말이다. 그러니 이 단계의 핵심은 너무 일찍 겉핥기식의 선행을 하려고 하지 말고, 적어도 글 전체를 한눈에 조망할 만큼 아이의 사고가 무르익을 때를 기다려야 한다는 데 있다.

그렇다고 아이가 클 때까지 아무것도 하지 않은 채 그저 기다리기만 하라는 것은 아니다. 앞서 언급한 '2단계 소주제로 한 단락 완성하기'와 '3단계 단락을 연결해 두 단락 완성하기' 훈련을 충분히 반복했다면 그게 바로 글의 본론부가 되는 것이다. 여기에 전체 글의 의도, 목적을 곰곰이 생각해보고 도입부를 어떻게 시작할지, 마무리는 어떻게 할지를 고민하는 일이 곧 개요 짜기라고 할 수 있다.

한마디로 개요 짜기를 배운다는 건 글의 목적에 대해 고민하고, 완성될 글의 모습을 미리 스케치하는 태도를 만들기 시작했다는 것이다. 어릴 땐 레고 블록을 조립할 때 계획 없이 즉흥적으로 집 모양을 만들고 박수를 받았다면, 이제는 설계도를 먼저 그려보고 그 설계도대로 집을 완성해보는 시기가 되었다는 의미다.

독자의 마음을 사로잡는 글쓰기

서론은 글의 첫인상을 좌우하는 가장 중요한 부분이다. 첫 다섯 줄을 읽으며 느끼는 호감은 이후 글의 전체 이미지에 영향을 끼친다. 그렇기 때문에 서론은 글을 쓰면서 가장 고심해야 할 부분이다. 마치 처음 만나는 상대에게 악수를 건네는 것처럼 말이다. 그때 느끼는 첫인상은 호감이 될 수도 혹은 그 반대일 수도 있다. 그럼 글의 첫인상이 호감이 되게 하려면 어떻게 해야 할까? 당연히 쩔쩔매는 태도보다는 당당하고 의연한 모습이 필요할 것이다. 또한 단정할 필요도 있다. 서론이 너무 길고 장황하면 호감을 살 확률이 떨어진다. 한마디로 더 알아가고 싶지 않은 비호감의 글이 될 수 있다.

그렇다고 딱 정해진 정답이 있는 것도 아니다. 어떤 사람은 서론에서 아주 강한 인상을 심어주기도 하고, 어떤 사람은 친절하고 부드러운 인상을 심어주기도 한다. 또, 엉뚱한 인상을 주기도 하고 엄격한 인상을 주기도 한다. 외출할 때마다 모임의 목적이나 장소에 따라 옷차림을 달리하는 것처럼 글의 목적과 분위기에 따라 서론도 어떤 첫인상이 효과적일지에 대해 고민해야 하는 것이다.

이어서 나오는 본론은 말하고자 하는 주요 내용 전부라고 할 수 있다. 말하자면 독자와 본격적인 대화를 나누는 것이다. 이때는 최대한 독자의 흥미를 끄는 효과적인 대화를 나누는 것이 중요하다. 이를 위해 대화의 방식을 선택해야 한다. 전하고자 하는 핵심 메시지를 서두에 둘지, 글을 마칠 때 방점을 찍는 것으로 할지에 따라 글의 느낌이 달라진다.

마지막 결론은 본론의 긴 구간을 건너온 독자에게 다시 한번 주의를 환기시키는 역할을 한다. 말하자면 대화를 마무리 짓고 다음을 약속하며 나누는 작별 인사다. 긴 시간 대화 후 헤어질 때 오늘 대화 중 상대가 꼭 기억해야 할 이야기를 한 번 더 상기시켜주듯, 주요 내용이나 주장을 다시 한번 강조하거나, 앞으로 어떻게 하면 좋을지에 대해 언급해준다. 또 자주 쓰이진 않지만 경우에 따라서 상대의 마음에 물음표 하나를 남겨 대화의 여운을 극대화시키는 방법을 사용할 수도 있다.

글쓰기 실력을 키우는 화랑의 첨삭 카드 게임

화랑에서는 서론, 본론, 결론의 각 구성부에 대표적으로 사용되는 글쓰기 기법을 쉽게 익힐 수 있도록 첨삭 카드를 만들어서 게임을 하기도 한다. 게임 방법은 글을 쓰기 전에 무작위로 카드를 뽑고, 자기가 뽑은 카드에 적힌 방법으로만 글을 완성하는 방식이다. 예를 들어 서론부에서 '경험으로 시작하기' 카드를 뽑았다면 무조건 자신의 경험을 소재로 서론을 장식해야 한다. 본론과 결론도 이와 같은 방식으로 각 구성부의 대표적 방법들이 적혀 있는 카드를 뽑고 반드시 그 방법으로만 글을 써야 한다.

이 게임을 통해서 아이들이 얻을 수 있는 건 아쉬움이다. 더 적합한 방법이 생각나도 써서는 안 되고 반드시 내가 뽑은 카드에 적힌 내용만으로 글을 완성해야 하는 제약은 아이들 마음에 아쉬움을 남긴다. '남의 떡이 더 커 보인다'는 속담처럼 이 게임을 할 때 아이들은 친구가 뽑은 카드를 유독 부러워한다. 이런 아쉬움은 이후 글쓰기 전 개요를 짜는 단계에서 내 글의 주제를 어필하기 위한 더 좋은 방법을 고심하게 만든다.

앞에서 제시한 방법들을 활용해 '서론-본론-결론'의 특징에 걸맞게 글쓰기 훈련을 하면 글을 쉽게 쓰는 데 도움이 된다. 하지만 이 방법들은 어디까지나 빈번하게 사용되는 대표적인 사례일 뿐이다. 꼭 이 틀 안에서만 글을 써야 한다는 것은 아니므로 잘

못된 고정관념을 갖지 않도록 유의해야 한다. 좋은 글은 어디까지나 나다움이 강하게 느껴지는 글이다. 또한 글쓴이가 몰입해서 쏟아내듯 쓴 글이 내용 면에서도 좋다. 그러니 글을 쓸 때 형식이나 외형에 너무 얽매여서 글쓰기 자체에 몰입하지 못한다면 얻는 것보다 잃는 게 더 많다는 점을 명심해야 한다.

서론, 본론, 결론을 시작하는 글쓰기 노하우

앞에서 설명한 각 구성부의 특징에 맞춰 사용할 수 있는 다양한 글쓰기 기법이 있다. 다음의 사례를 보면 이해가 더 쉬울 것이다.

번호	글쓰기 기법	예시
1	인용으로 시작하기	나폴레옹이 남긴 명언 중에 '기회 없는 능력은 쓸모가 없다'라는 말이 있다. 이것은 자신감에 관한 이야기다.
2	개념 이용하기	자신감이란 스스로를 믿는 감정이란 뜻이다. 용기도 이에 포함된다.
3	경험으로 시작하기	지금보다 더 어렸던 시절 나는 자신감이 부족한 아이였다. 학교에서 무대에 서야 하는 행사가 있는 날이면 줄곧 배가 아팠다.
4	질문으로 시작하기	여러분은 많은 사람들 앞에 설 때 자신감을 가지는 편인가요?
5	문제점으로 시작하기	사람들은 때로 자만심과 자신감을 착각하곤 한다. 주변만 둘러봐도 쉽게 알 수 있다. 자만심으로 가득한 이들은 스스로가 자신감에 차 있다고 생각하는데….
6	뜬금없는 문장으로 시작하기	나는 자신감이 부족하다.
7	강한 주장으로 시작하기	자신감을 잃으면 그 어떤 기회도 잡을 수 없다.

서론부 시작하는 법

번호	글쓰기 기법	예시
1	개념 분석	앞서 말한 바와 같이 자신감이란 스스로를 믿는 감정을 말한다. 다만 상대방에 대한 배려나 예절 없이 스스로를 자랑하는 자신감만 가득 찬 경우, 이를 자만심이라고 부른다. 이러한 자만이 지나치면 자만감이라고도 한다.
2	긍정적인 영향과 부정적인 영향 분석하기	자신감은 자신에게 오는 기회를 붙잡는 긍정적인 영향을 주기도 하지만 이 자신감이 지나쳤을 때 예상치 못한 실수를 불러오기도 한다.
3	내 생각 쓰기	최근 주변을 둘러봤을 때 내 또래의 아이들에겐 충분한 자신감이 있는 것으로 보인다. 이는 아마도 부모님으로부터 받은 정서적 지원이 있었기 때문일 것이다.
4	제시된 자료 활용하고 분석하기	최근 조사된 통계에 따르면 현대인 대부분이~
5	주장과 근거 제시하기	자신감은 사회의 일원으로 살아가는 데 중요한 부분이다. 왜냐하면 나에게 맡겨지는 일에 대해 자신감을 가지고 임해야 그 일을 끝까지 해낼 수 있기 때문이다.
6	배경 설명하기	주인공은 부유한 가정에서 외동으로 태어나 아낌없는 지원을 받은 인물이다. 때문에 그에게는 언제나 자신감이 넘쳤다.
7	장면이나 줄거리 쓰기	책에서 가장 인상적인 장면을 꼽자면 주인공이 모두의 만류에도 불구하고 자신의 뜻을 굽히지 않고 항해에 나선 장면이었다.
8	예시 쓰기	자신감을 가지는 것은 중요하다. 예를 들면 내가 학급 회장이 되었는데 자신감이 없어 회의조차 이끌지 못한다면 어떻겠는가?

본론부 시작하는 법

번호	글쓰기 기법	예시
1	정리하기	앞서 이야기한 것들을 정리하자면 우리는 자신감을 가지고 행동해야 한다.
2	주장 강조하기	다시 한번 이야기하자면 우리는 자만심과 자신감을 분리하여 생각할 수 있어야 한다.
3	다짐하기	나는 앞으로 어떤 일에서든 자신감을 가지고 임할 것이다.
4	교훈 주기	자신감은 성공적으로 삶을 살아가고 다양한 도전을 이어가는 데 필수적이라는 사실을 기억해야 할 것이다.
5	해결 방법 제시하기	자신감이 부족하다면 지금 당장 작은 도전을 시작해보는 것이 좋다. 거창할 필요 없이 지금 내가 성취할 수 있는 수준의 것이면 충분하다.
6	의문 던지기	공들여 만들어진 자신감과 함께하는 미래는 어떤 모습이겠는가?

결론부 시작하는 법

좋은 글에 대한 안목을 키우는
첨삭 지도법

본격적인 개요 짜기 훈련이 시작되면 첨삭도 함께 시작된다. 첨삭은 글쓰기 교육의 마지막 과정이라고 할 수 있는데 시간과 노력을 많이 투자해야 하는 반면, 의외로 교육적 성과를 얻기 힘든 까다로운 단계다. 그렇기 때문에 단지 성실하고 꼼꼼하게 아이 글을 첨삭해준다고 해서 아이 실력이 향상될 거란 기대는 하지 말아야 한다.

대다수 아이들은 자신이 쓴 글에 대해 세상 '쿨'하다. 심지어 일주일 전에 본인이 쓴 글을 봐도 누가 쓴 글인지 모르는 경우가 다반사다. 더구나 첨삭 대상인 아이들의 글은 모두 초고다. 아무리 유려한 필력을 갖춘 작가라고 해도 초고가 최종 원고처럼 매끄럽진 않다. 몇 번의 퇴고를 통해 완성된 글이 탄생하는 것이다. 그렇기 때문에 가뜩이나 미숙한 아이들이 쓴, 그것도 무려 초고에, 완성된 글에나 할 법한 꼼꼼한 첨삭을 해주는 일이 과연 옳은지에 대해 생각해볼 필요가 있다.

첨삭은 결국 지적의 고상한 표현이다. 만약 누군가 내 요리 실력을 향상시킬 목적으로, 내가 하는 요리마다 꼼꼼한 평가와 개선책을 늘어놓는다면 어떤 기분이겠는가? 이때의 마음을 역지사지한다면 지적당하는 아이의 마음을 조금이나마 이해할 수 있을 것이다.

아직 글에 대한 자신감이 차오르지 않은 아이들은 지적이 빼곡한 첨삭 원고지를 볼 때마다 상처받는다. 그나마 글을 더 잘 쓰고자 하는 욕심이 생긴 아이라고 해도 틀린 점을 모조리 찾아내 지적한 프로 지적러의 꼼꼼한 첨삭은 오히려 의욕을 꺾을 뿐이다. 그렇기 때문에 첨삭 지도법의 핵심은 지적을 지도로 느끼게 만들고, 아이가 기꺼이 첨삭의 주체가 되어 참여하도록 하는 데 있다.

내 글을 스스로 고쳐보게 하는 법

전쟁을 할 때 무조건 진격하는 건 무척 어리석은 선택이다. 이기는 전쟁을 하기 위해서는 때로 후퇴도 할 줄 알아야 한다. 한번에 모든 걸 해결하고자 하기보다 침착하고 주도면밀하게 전략과 전술을 짜서 접근해야 한다. 누구나 갖길 희망하지만 또 그만큼 어려운 능력인 글쓰기 실력을 키울 때도 마찬가지다. 무조건 진도를 나가려고 하기보단 아이 마음속 흥미와 자신감의 불씨를 살피며 조심스럽게 진도를 결정해야 한다.

그렇기 때문에 화랑에서는 첨삭 과정에 돌입하면 아이가 스스로 도전할 첨삭 목표를 정하게 한다. 이때 한꺼번에 여러 항목의 목표를 주지 않고, 1~2개 작은 목표를 정하게 하고 이를 하나씩 달성해 나감에 따라 점진적으로 목표 개수와 난도를 높여간다.

이때도 첨삭의 목표는 초고를 잘 쓰게 하는 데 있지 않다. 초고를 완성된 글처럼 쓰려고 긴장하면서 쓴다면 글쓰기에 완전히 몰입할 수 없고, 그렇게 쓰인 글은 결코 재밌지 않다. 대신 어떤 항목에 대해 첨삭받을지 사전에 정해져 있기 때문에 글을 제출하기 전에 아이가 먼저 첨삭받을 항목에 대해서만 꼼꼼하게 사전 검토한 후 제출하게 된다.

첨삭의 목적은 어디까지나 내 글을 스스로 고치는 안목을 키워주는 데 있어야 한다. 무턱대고 퇴고를 시킨다면 아이는 틀린

첨삭 항목	첨삭 미션	성공 횟수
글의 주제	함축적인 제목 정하기	①②③④⑤⑥⑦⑧⑨
	주제 명확하게 하기	①②③④⑤⑥⑦⑧⑨
글의 구조	올바른 맞춤법과 띄어쓰기	①②③④⑤⑥⑦⑧⑨
	적절한 접속사 사용하기	①②③④⑤⑥⑦⑧⑨
	문장 간결하게 쓰기	①②③④⑤⑥⑦⑧⑨
	정리된 결론 쓰기	①②③④⑤⑥⑦⑧⑨
글의 내용	이미지를 만들어 묘사하기	①②③④⑤⑥⑦⑧⑨
	내 생각과 감정 나타내기	①②③④⑤⑥⑦⑧⑨
	(사자성어, 속담, 명언, 책 속 문장) 인용하기	①②③④⑤⑥⑦⑧⑨
	명확한 주장과 근거 제시하기	①②③④⑤⑥⑦⑧⑨
	중복 단어 또는 문장 피하기	①②③④⑤⑥⑦⑧⑨
	다른 것에 빗대어 표현하기	①②③④⑤⑥⑦⑧⑨

초등 4학년 첨삭 매뉴얼 예시

맞춤법만 찾아낼 뿐이다. 그만큼 좋은 글에 대한 안목이 없기 때문이다. 그러니 첨삭할 항목을 체계적으로 나누고, 처음부터 모든 항목에 맞춰 고치겠다는 욕심을 버리고 한 가지 첨삭 목표를 정해 차근차근 확실히 알아가도록 지도하자. 이 과정은 위의 첨삭 매뉴얼을 참고해보면 좋을 것 같다.

화랑 첨삭센터에서는 첨삭 항목을 크게 분량, 어휘, 어법(언어의 정확성), 구조(문장 구조, 조직적 전개)의 기본적인 부분과 논점의 명확도(제목, 주제 의식과 개요), 관점과 표현의 독창성, 논리성(독해 오류가 없었는가), 명확성(주장과 근거의 논리적 관계) 등으로 구분한다. 이를 토대로 학년에 따라 각기 다른 세부 항목으로 첨삭 매뉴얼을 만들어서 첨삭 미션을 제시한다.

이후 아이의 글을 첨삭해줄 때는 운동 경기를 할 때 점수를 획득하는 것처럼 아이가 완료한 첨삭 항목에 점수를 준다. 아이들은 점수를 따기 위해 자신의 첨삭 항목으로 정한 부분이 제대로 쓰였는지, 통과 점수를 받을 수 있을지 꼼꼼하게 검토한다. 그리고 반 친구들과 누가 더 높은 첨삭 점수를 누적하고 있는지 마치 게임처럼 경쟁하게 된다.

글쓰기 동기를 북돋는 법

이런 방법은 가정에서도 쉽게 적용해볼 수 있다. 우선 어떤 항목을 첨삭 목표로 삼을지 아이와 함께 한 가지나 두 가지를 미리 정하고, 첨삭할 때는 오직 목표로 한 부분에 대해서만 체크하는 것이다. 그리고 목표 항목을 달성할 때마다 1점씩 점수를 주고 해당 항목을 완전히 달성했을 때는 보너스 점수를 5점 정도 주면 좋다. 아이마다 클리어 속도가 다를 테니 속도를 가늠해서 한두 달에 한 번쯤 도달할 수 있는 일정 점수를 정하고 이에 도달했을 때 아이에게 보상해주는 방식을 추천한다. 보상으로는 아이가 원하는 물건이나 책, 문화상품권을 줄 수도 있고, 만화책을 보거나 게임을 할 자유 시간을 줄 수도 있다. 이런 지도 방식은 첨삭에 대한 거부감을 낮춰줄 뿐 아니라, 아이로 하여금 글쓰기에 대한 좀 더 적극적인 태도를 갖게 한다. 그리고 가능하다면 누군가와 함께하는 것도 좋다. 다소 지루한 일도 함께하면 즐거움이 느껴지게 마련이니 말이다.

무엇보다 효과가 뛰어난 방법은 아이가 글을 완성한 그 자리에서 이 부분이 왜 고쳐져야 하는지 설명해주는 것이다. 그 후 부모님의 코멘트 내용을 바탕으로 글을 다시 써보게 한다면 금상첨화일 것이다. 이건 가정에서 부모님과 2인 1조가 되어 차근차근 해보기 좋은 방법이다. 하지만 이 과정은 현실적으로 많은 시간이 필요할 뿐만 아니라 지루하기 때문에 생각만큼 쉽지 않다. 더구나 특별한 동기부여가 없는 이상 아이가 퇴고에 흥미를 갖긴 쉽지 않다. 이때 쓸 수 있는 좋은 방법은 글쓰기 대회에 출품할 글을 써보는 것이다.

예전에는 교내 글짓기 대회가 많아서 대회 수상을 목표로 글을 써볼 기회가 많았는데, 요즘은 교내 대회를 자주 하지 않는다.

그러니 대안으로 '굿네이버스 희망 편지 쓰기 대회'나 '전국 세대 공감 사랑과 효 공모전' '전국 감사 편지 공모전'과 같이 부담 없는 소규모 전국 대회를 찾아 글을 제출해보는 것도 좋은 방법이다. 아이들에게 동기부여 할 목적으로 상을 주는 대회들이 꽤 있으니 매년 바뀌는 대회 일정을 잘 확인해서 도전해보도록 하자. 이런 식의 구체적인 목표를 갖고 하는 글쓰기는 실력을 향상시킬 뿐만 아니라 수상이라도 하게 되면 아이에게 강한 성취감을 안겨줄 수 있다. 이 같은 성취의 경험은 아이를 더 멋진 어른으로 성장시키는 귀한 자산이 되어준다.

입시까지 이어지는
독서록 쓰기의 모든 것

현재 중·고등학교에서는 아이들에게 꾸준히 책을 읽고 독서 활동을 기록할 것을 요구한다. 그래서 적어도 한 달에 한 권 이상의 독서록을 제출하라고 한다. 또한 탐구 보고서를 비롯한 수많은 수행평가를 해야 하는데 이 역시 대다수는 쓰기 실력을 요구한다. 하지만 중·고등학교의 쓰기 강화 추세와 반대로 요즘 초등학교에서는 아이들이 글을 써볼 일이 많지 않다. 몇몇의 명문 사립 초등학교를 제외한 대다수 초등학교에서는 독서록 쓰기를 하지 않을 뿐만 아니라 일기 검사도 하지 않는다. 이렇게 글쓰기를 멀리한 채 시간이 흘러간다면 결국 한 줄도 못 쓰는 아이가 되어 중학교에 입학할 수 있다. 그러니 글쓰기 연습은 가정에서 꼭 보완해야 한다.

가정에서 하기 좋은 글쓰기 연습으로, 아주 어릴 때부터 한 달에 한두 권의 독서록 쓰기 목표를 세우고 이를 꾸준히 해서 습관으로 만드는 것을 추천한다. 기본적으로 독서록은 쓰는 방식도 다양하고, 읽은 책 내용을 바탕으로 쓰기 때문에 쓸거리를 찾는 것도 비교적 수월하다. 그렇기 때문에 다른 장르의 글보다 꾸준히 쓰기 좋은 장르다. 더구나 중·고등학교 6년 동안 한 달에 한 권 이상 독서록을 꾸준히 써야 하니 겸사겸사 미리부터 습관을 잡아두는 건 무척 도움되는 일이다.

독서록은 다양한 방식으로 쓸 수 있는데, 그중 대표적인 방식 몇 가지를 소개한다.

독후감 쓸 때 주의할 것들

중·고등학교에서 좋은 생활기록부를 만들기 위해 가장 빈번하게 쓰는 글이 감상문 형식의 독후감이다. 독후감의 주의 사항은 하나다. 바로 줄거리만 나열하지 않는 것이다.

독후감은 일단 책의 내용을 기반으로 하므로 쓸거리가 많다.

이런 점 때문에 글이 다소 장황해질 수 있으니 독후감을 쓸 때는 하나의 주제를 잡고 그 주제를 중심으로 글을 써 내려가는 게 좋다. 그런데 글쓰기 숙련도가 부족한 경우에는 한 호흡으로 길게 생각을 확장해가는 게 어렵다. 이럴 땐 2~3가지 정도의 소주제를 정해서 쓰는 것도 좋은 방법이다. 이때 소주제들을 통일성 있게 연결해주는 서론과 정리해주는 결론을 덧붙여주는 게 좋다. 하지만 독후감을 쓸 때 이런 '서론-본론-결론'의 구성을 꼭 지켜야 하는 건 아니니 외형을 지나치게 의식할 필요는 없다.

많은 아이들이 독후감을 쓸 때 어려움을 느끼는 부분은 줄거리를 어느 정도까지 쓸지 정하는 일이다. 줄거리의 경우 딱 몇 줄만 쓰라는 정답이 있으면 좋을 텐데 적당히 써야 한다는 애매한 원칙만 있다. 그런데 이건 지극히 주관적인 표현이라 확신이 서지 않아 찜찜하다. 이 부분은 독후감이라는 장르의 글쓰기 특징을 이해하는 게 도움이 될 것 같다.

독후감은 일기와 다르게 어디까지나 내가 아닌 타인에게 보여줄 목적으로 쓰는 글이다. 그렇기 때문에 독후감에 쓴 나의 감상에 대해 납득하거나 공감할 수 있는 근거가 필요하다. 이때 쓰는 것이 최소한의 줄거리이다. 어떤 내용(행동, 판단)에 대해 생각한 건지 1~2줄 정도 간략하게 언급해준다거나, 전체적인 소감을 말하고 싶다면 책 전체 내용을 3~4줄 정도 요약해주는 것도 방법이다. 과학책이나 인문서처럼 비문학 도서의 독후감을 쓸 때도 마찬가지다. 책에서 알게 된 것을 설명하고, 이를 중심으로 내 생각을 확장해나가는 것이다.

마지막으로 아이가 평소 글쓰기 연습을 많이 해보지 않아 긴 글쓰기가 부담스럽다면 먼저 부모님과 책에 대한 대화를 나누고 그중 세 가지 정도 골라 단락을 구성해보면 한결 쉽게 독후감을 쓸 수 있다. 대화할 때는 뒤에 첨부한(※328쪽 참고) 부모님의 질문 리스트를 참고해보는 것도 좋다.

주장과 근거가 분명한 논설문 쓰기

논설문은 말 그대로 주장하는 글이다. 주장하고자 하는 바가 글의 주제가 되고, 이를 뒷받침할 근거를 구체적으로 적는 글이다. 논설문의 경우 설득을 목적으로 하는 글이기 때문에 근거가 객관적이고 누구나 납득할 수 있도록 논리적이어야 한다. 논설문과 거의 흡사한 내용의 글이 토론할 때 쓰는 입론서이다. 그렇기 때문에 논설문 형식의 독서록 쓰기를 꾸준히 해본다면 중·고등학교 토론 수행평가에서 돋보일 수 있다.

책을 읽고 난 후 논설문 형식의 독서록을 쓰기 위해서는 먼저 책 내용에서 주제가 될 주장을 찾아야 한다. 주장은 "○○을 하자"라는 캠페인 성격을 가져도 좋고, "○○에 찬성한다"라는 찬반 토론 형식도 좋다. 주제가 정해졌으면 그다음에는 대략적으로 글을 구성한다. 서론에서는 보통 논제에 대한 설명과 나의 주장을 밝힌다. 이후 본론에서 내 주장이 옳은 이유를 자세히 설명해야 하는데, 이때 개인적인 경험이나 느낌은 근거로 사용할 수 없다. 대신 책에서 근거가 될 객관적인 사실을 찾아 쓰는 것이 제일 좋다.

구성 방식은 근거를 2~3개 정도 생각해서 각각의 근거를 한 단락씩 구체적으로 설명을 하는 것이 일반적이다. 조금 더 복잡한 방식으로는 본론 첫 단락에서 내 주장을 뒷받침할 근거를 1~2가지 제시하고, 두 번째 단락에서는 상대방의 근거를 예측해서 설명한 후 이 생각을 다시 반박하는 방식으로 쓸 수도 있다.

글의 구조		내용
서론		논제에 대한 설명, 나의 주장 밝히기
본론	첫 번째 단락	내 주장을 뒷받침할 근거 1~2개
	두 번째 단락	상대방의 근거를 예측해서 반박
결론		주제·근거 요약, 강조하기

논설문 구성 방법

이후 결론부에서 주제와 근거를 짧게 요약해서 다시 한번 강조하며 마무리하는 구성이 보편적이다.

생생한 경험이 녹아든 산문 쓰기

아이들이 쓴 수필을 보통 생활문, 혹은 산문이라고 부르는데 이 장르는 나의 경험을 담백하게 적는 글이다. 거기에 전하고자 하는 메시지(주제)가 분명하면 된다. 산문은 주로 대회 응모 글을 쓸 때 사용하는 장르다. 이런 특징 때문에 산문을 쓸 때는 주제가 미리 정해져 있는 경우가 많다. 그러니 글쓰기를 시작하기 전에 대회 측이 제시한 주제에 대해 충분히 생각해봐야 한다. 이때 해당 주제에 대한 책을 읽고 쓰는 것이 무척 유리하다. 물론 꼭 책을 읽고 대회 글을 써야 하는 건 아니다. 하지만 아무 상식 없이 쓰는 것보다는 책을 통해 대회가 원하는 정보를 찾아서 글을 쓰는 게 훨씬 쓸 말도 풍부하고 성의도 있어 보인다.

그리고 정보 리서치 과정에서 글에 인용할 내용을 미리 메모하며 읽는 게 좋다. 이때 너무 긴 설명은 글을 지루하게 만들 수 있으니 인용은 짧게는 3줄, 길게는 7줄 정도가 적당하다. 내용은 요약해서 써도 좋고, 짧으면 그대로 인용해도 좋다. 그다음에는 주제와 연결될 만한 나의 경험을 찾아야 하는데 경험이 특별하고 강렬할수록 글도 임팩트 있다. 그런데 아무리 생각해도 경험이 떠오르지 않는다면 관련된 책 읽기 자체를 경험으로 써도 된다. '○○한 계기로 책을 읽었고, 이걸 계기로 평소 잘 몰랐던 □□에 대해 알게(생각해보게) 되었다'라고 글에 담아주는 것이다.

산문의 성패는 세 가지 정도로 생각해볼 수 있다. 첫째는 경험을 생생히 묘사해야 한다. 뭐가 됐든 대회 글에는 개인적인 경험이 반드시 있어야 한다. 그리고 경험은 사람마다 다르기 때문에 경험 자체가 글의 차별화, 또는 개성이 된다. 경험 없이 설명(혹은 주장과 근거)만 나열한 글은 아무리 생각이 훌륭하다고 해도 특별한 느낌을 줄 수 없다. 이것이 산문 쓰기의 비법이라고 할 수 있다.

둘째는 그 경험을 바탕으로 대회 주제에 맞게 생각의 변화 과정이 잘 드러나도록 자세하게 글을 써야 한다. 한마디로 '원래 했던 생각은 ○○이었는데, 조금씩 생각이 바뀌어서 결국 □□라고 생각하게 되었다' 혹은 '그동안의 태도를 반성했다'라는 식으로 말이다. 셋째는 그로 인한 나의 다짐과 그래서 앞으로 구체적으로 어떤 실천을 할 건지 언급하는 것이다. 이 세 가지를 잘 담아내면 좋은 글로 평가받을 수 있다. 예를 들어 저작권을 주제로 하는 글짓기 대회에 출품할 산문을 쓴다고 하면 아래와 같은 내용으로 채워볼 수 있을 것이다.

1. 저작권 글짓기 대회에 응모하게 된 계기와 평소 저작권에 대한 생각과 경험

2. 저작권에 대해 공부한 책 제목과 내용 요약하기

3. 무심히 저작권을 침해했던 경험(강렬하면 더 좋음)을 떠올려 묘사하기

4. 부끄러운 마음을 자세히 표현하고 반성하기

5. 앞으로 어떻게 할 건지 구체적인 실천 방안

이런 내용을 표로 정리하거나 하지는 않겠다. 이런 유연한 설명을 하는 까닭은 산문은 특히 틀에 박힌 구성으로 쓰기보다는 흘러가는 대로 생각을 자연스럽게 적어 내려가는 게 좋기 때문이다. 앞서 설명해준 세 가지 원칙을 지키는 정도면 충분하니 나머지는 자유롭게 쓰는 편이 좋은 평가를 받는 데 훨씬 유리하다. 산문의 경우 설령 글의 완성도가 좀 떨어진다고 해도 상관없다. 진정성 있는 태도만 보인다면 이것도 오히려 나쁘지 않은 전략이다.

수행평가 대비 탐구 보고서 쓰기

중·고등학교 수행평가에서는 탐구 보고서 쓰기가 자주 나온다. 초등 부모님들에게는 다소 생소한 장르일 수 있는데, 쉽게 설

명하자면 탐구할 주제를 관찰·조사·실험해보고 그 과정과 결과를 보고하는 설명문 형식의 글을 말한다.

중·고등학교에서는 매년 탐구 보고서 쓰기 대회를 하는데 교내 예선을 거쳐 학교 대표로 전국 단위 대회에 참가할 수도 있다. 이 대회는 고입, 대입을 가리지 않고 모든 입시에서 아이의 생기부를 돋보이게 할 좋은 기록이기 때문에 욕심내볼 만하다. 이런 대회용 탐구 보고서는 질적 연구에 대한 소논문 쓰기라고 할 수 있다. 그렇기 때문에 초등학생이 미리 해보긴 어렵다.

대신 비문학 도서를 읽고 주제에 대한 탐구 보고서 형식의 독서록을 자주 써보는 건 큰 도움이 될 수 있다. 예를 들어, 야생 늑대의 생태(자연과학), 태양계의 행성(우주과학), 수요와 공급 법칙(경제), 정당정치(정치), 한라산(지리), 태풍(날씨), 어머니의 감정 변화(가족), 김치찌개 만드는 방법(요리) 등 책을 통해 알게 된 사실이나 실생활에서 관찰을 통해 얻을 수 있는 정보를 바탕으로 쓸 수 있다.

이때 좋은 보고서는 참신한 기획과 탐구 내용이 잘 설명된 보고서를 말한다. 꼭 들어가야 할 내용으로는 탐구자, 날짜, 부문, 탐구 주제, 탐구 동기, 탐구 방법, 탐구 내용(개념 정의, 구체적인 설명), 전망 및 활용이 있다.

주의할 점은 기획이 아무리 참신하다고 해도 탐구 과정과 결과를 두서없거나 장황하게 쓴다면 알아볼 수 없다는 점이다. 그러니 설명할 내용의 순서를 잘 구성하고 빠짐없이 차근차근 설명해야 한다. 이때 실수를 줄이기 위해서 어떤 순서로 설명할지 기준을 미리 정해두는 것이 좋다. 시간 순서로 설명해도 좋고, 모양이나 위치를 순서로 설명해도 좋다. 마지막으로 보고서는 감성이나 생각을 적는 글이 아니기 때문에 이런 주관적인 이야기는 배제하고 객관적인 서술을 해야 한다.

주제 탐구 보고서 형식의
독서록 쓰는 법

《왕국을 구한 소녀 안젤라의 경제 이야기》를 읽고 작성한 주제 탐구 보고서이다.

주제 탐구 보고서				
탐구자	○○○		날짜	202*년 *월 *일
탐구 주제	캘버른 왕국의 안젤라 여왕이 경제 위기를 극복한 방법에서 배우는 수요와 공급의 원리		부문	사회 〉 경제
탐구 동기	평소에 물건의 가격이 어떻게 결정되는지, 왜 어떤 물건은 비싸고 어떤 물건은 싼지 궁금증을 가지고 있었다. 《왕국을 구한 소녀 안젤라의 경제 이야기》를 읽으면서 물건의 가격은 수요 공급 법칙과 관련이 있다는 것을 알게 되었다. 이를 통해 안젤라 여왕이 왕국의 경제 문제를 어떻게 해결했는지 탐구하고자 한다.			
탐구 방법	조사 : 《왕국을 구한 소녀 안젤라의 경제 이야기》 책을 중심으로 수요와 공급에 대한 내용을 정리했다.			
탐구 내용	**개념 정의하기** 1. 수요 : 어떤 물건을 사려고 시장에서 구하는 것을 수요라고 한다. 　어떤 물건의 가격이 상승하면 수요량이 늘어나는 것이 수요 　법칙이다. 2. 공급 : 어떤 물건을 팔기 위해 시장에 내놓는 것을 공급이라고 한다. 　어떤 물건의 가격이 하락하면 공급량이 줄어든다. 이것을 공급 　법칙이라고 한다.			

탐구 내용	**구체적인 설명** 시장에서는 수요와 공급이 일치하지 않을 때마다 가격이 변동하면서 수요와 공급을 다시 일치시킨다. 그래서 시장에는 '보이지 않는 손'이 있다고 말한다. 안젤라 여왕은 땅이 기름지지만 농기구가 부족한 켈른과 무기를 만들어 성에 공급하는 헨오키 사이에 새로운 시장을 만들었다. 시장을 통해 헨오키에 곡식의 공급이 늘어나자 가격이 안정되었고, 켈른에서 농기구에 대한 수요가 증가하자 농기구의 가격이 올라 무기를 만들던 장인들이 농기구를 만들게 되었다. 이처럼 안젤라 여왕은 시장을 만들고, 수요와 공급 법칙에 따라 곡식과 농기구의 적절한 가격을 형성하였다.
전망 및 활용	수요와 공급 법칙을 이해하고 생활에 적용하면 더 좋은 선택을 할 수 있다. 환경 문제를 해결하는 데에도 이 법칙을 활용할 수 있다. 우리가 일회용품을 덜 사용하면 일회용품에 대한 수요가 줄어들 것이다. 그러면 가격이 내려가고, 결국 일회용품을 만드는 회사들이 생산을 줄이게 될 것이다. 이러한 우리의 행동이 환경을 지키는 데 도움이 될 수 있다.

독서록 쓰기가 쉬워지는
부모님의 질문 리스트

책의 내용을 평가해보는 질문

질문 항목	예시
새롭게 알게 된 점	- "책아 고마워. 네 덕분에 새롭게 알게 된 게 있어" 하고 고마움을 표현해볼까? - 새로운 걸 알고 나니 머릿속이, 마음속이 어떻게 변한 거 같아?
생각한 점	- 가장 곰곰이 생각하고 있는 등장인물은 누구야? - 얘는 무슨 생각 중일까? - 이 색깔로 색칠된 걸 보니 갑자기 생각나는 게 있니? - 얘를 보면 누가 떠오르니?
이상한 점	- 책 읽다가 이상한 장면이 나오면 "삐!" 외쳐볼까? - 이 부분 이상한 것 같은데 같이 살펴보자! - 원래 생각했던 거랑 책을 읽으면서 달랐던 게 있어?
수상한 점	- 좀 이상하고 의심스러운 장면을 찾아볼까? - 이 중에 누가 좀 수상해? - 수상해서 빼고 싶은 그림이 있니?
신기한 점	- 이 책에서 가장 신기한 단어는? - 어떤 장면에서 가장 신기한 소리가 나는지 들어 봐.
배우게 된 점	- 어떤 단어와 친해지게 됐어? - 주인공(등장인물)에게 배우고 싶은 것이 있니? (능력, 마음, 표정, 외모 등) - 이 이야기를 읽고 어떤 기분을 느꼈어? - 주인공(등장인물)에게 고마움을 전해볼까?

안타까운 점	- 안타까워서 가장 바꾸고 싶은 장면이 뭐야? - 가슴 아프고 답답해서 도와주고 싶은 등장인물은 누구야? - 곤경에 처한 등장인물에게 주고 싶은 게 있어? - 곤경에 처한 등장인물에게 해주고 싶은 말이 있어?
책 표지나 책 속에 나오는 그림에 대한 느낌	- 책 표지가 마음에 드니? - 마음에 안 드는 이유는 뭐야? - 너라면 책 표지에 어떤 색을 쓸 것 같아?

책을 읽으며 느낀 감정과 관련된 질문

질문 항목	예시
궁금한 점	- 이 그림(내용)에서 궁금한 거 있었어? 같이 찾아보자! - 작가님(주인공)을 만난다면 꼭 물어보고 싶은 게 있니?
기쁜 점	- 가장 기뻐 보이는 등장인물은? - 웃음소리가 가장 많이 들렸던 장면은? - 오늘 넌 언제 이렇게 웃었니?
슬픈 점	- 가장 슬퍼 보였던 페이지는? - 너도 이런 슬픈 표정을 지었을 때가 있었어?
해보고 싶은 점	- 네가 책 속으로 들어간다면 가장 먼저 어디로 가고 싶어? - 책 속에서 누구를 만나고 싶어? - 책 속으로 가서 만져보고 싶은 것이나 가져오고 싶은 게 있니?
특이한 점	- 그동안 봐왔던 동화책들과 다른 점이 있었어? - 왜 작가는 이 그림을 이렇게 특이하게 그렸을까? - 넌 특이한 동화책을 좋아하니 평범한 동화책을 더 좋아하니?
흥미로운 점	- 이 책이 흥미로운 이유는 뭐야? - 이 책 외에 또 흥미로웠던 책이 있니? - 그림, 내용, 색깔, 글자 어떤 게 네 마음에 쏙 들었어?

화가 난 점	- 너라면 언제 가장 화났을 거 같아? - 정말 화날 일이었을까? - 너는 주로 언제 화가 나? - 화가 난 주인공에게 해주고 싶은 말이 있어? - 화를 줄이기 위해 주인공에게 네가 줄 수 있는 팁은?
답답한 점	- 왜 페이지를 빨리 넘기려고 했어? - 뭐가 그렇게 답답했어? - 엄마는 언제 답답함을 느낄까?
훌륭한 점 본받고 싶은 점	- 너의 훌륭한 점과 주인공의 훌륭한 점은 어떻게 달라? - 각자의 훌륭한 점으로 무얼 해낼 수 있을까? - 주인공을 만난다면 꼭 배워보고 싶은 것이 있어? - 그걸 배워서 집에 온다면 어떤 점이 좋을 것 같아?
상상한 점	- 네가 여기(책의 한 장면)에 앉아 있다고 생각해 봐. 어떤 상상을 했어? - 등장인물들과 어떤 상상을 했어?
용감한 점	- 용기를 선물해주고 싶은 인물은? - 넌 놀이터에서 언제 가장 용감했니?
뿌듯한 점	- 주인공이 가장 잘했다고 생각하는 장면은? - 박수쳐주고 싶었던 장면은? - 뭐라고 칭찬해줄 거야? - 넌 엄마한테 어떤 칭찬을 받았지?
자랑스러운 점	- 자랑스러운 모습을 갖기 위해 주인공에게 필요했던 건 뭘까? - 주인공은 자랑스러운 모습을 갖기 위해 어떤 연습을 했을까?
불쌍한 점	- 불쌍해 보이는 물건, 가장 힘이 없어 보이는 색깔을 골라 봐.
황당한 점	- 도대체가 이해할 수 없는 인물은 누구야? - 이런 황당한 일을 겪었을 때는 어떻게 해야 할까? - 황당해 보이는 표정을 지어볼래?
무서운 점	- 무서울 땐 어떻게 하면 좋을까?
한심한 점	- 주인공에게 꼭 필요한 잔소리는? - 등장인물 중 우리 집에 데려와서 교육해주고 싶은 인물은?

잘못된 점	- 주인공의 선생님이 되어 잘못된 점을 또박또박 알려줘 볼까? - 이런 경우엔 어떻게 하는 게 올바른 건지도 같이 알려줘.

나의 상황에 대입해보는 질문

질문 항목	예시
내가 만약 주인공(또는 다른 등장인물)이라면	- 어떤 모험을 하고 싶니? - 뭘 챙겨서 이 책 속으로 들어갈래? - 이 책 속으로 들어갈 때 꼭 가지고 가야 할 마음, 간식, 준비물이 있다면?
내가 만약 작가라면	- 이 인물의 이름을 뭐라고 지을래? - 표지를 어떻게 바꿀래? - 어떤 동물을 등장시킬래?
나의 생활과 비교하기	- 너와 얘는 뭐가 달라? - 네가 좋아하는 건 뭔데? - 네가 참을 수 없는 건 뭐야? - 너와 가장 비슷한 인물을 찾아볼까?
우리 생활과 비교하기	- 가족 중에 가장 닮은 인물은? - 아빠가 이런 모습을 보면 뭐라고 하실까? - 우리 가족 중에 누가 이 책을 봤으면 좋겠어? - 우리 가족들과 함께 해보고 싶은 건? - 엄마 손 잡고 놀러 가고 싶은 장면은? - 아빠랑 걸어가 보고 싶은 곳은?
칭찬해주고 싶은 점	- 네가 얘 엄마라면 언제 칭찬 스티커를 줄래? - 어떤 걸 칭찬해줄래? - 넌 어떤 칭찬을 많이 받니?

PART 5

중학생이 되기 전에
알아야 할 독서 활용법

중1 때부터 생기부 관리를 해봐야 하는 이유

본격적인 입시 레이스의 시작이라고 할 수 있는 중학교는 여러모로 초등학교와는 다른 세상이다. 담임 선생님이 아이 하나하나를 세심히 보살펴주던 초등학교와 달리 중학교에서는 모든 걸 스스로 챙겨야 한다. 여기에 1학년 때는 이름조차 생소한 자유학기가 있다. 안 그래도 들뜬 아이에게 이 자유학기는 말 그대로 자유의 세상이다. 평가도 지필고사가 아닌 수행평가의 형태로 이루어지기 때문에 시험의 부담마저 없다. 수행평가는 좀 엉망으로 해도 괜찮다. 나 말고 다른 애들도 다들 그렇게 하니 안심이다.

그렇게 첫 학기가 지나고 나면 아이는 각 과목 선생님에게 그냥 대충하는 성격 무던한 학생으로 기억된다.

신나기만 했던 자유학기가 끝나고 2학기가 되어 처음으로 보는 중간고사는 뜨끔하다. 중간고사가 끝나면 다시 뭘 해볼 틈도 없이 기말고사가 코앞이다. 더구나 품이 많이 드는 수행평가는 자유학기가 끝나도 계속된다. 대부분 학교 성적에서 수행평가 비중은 40~60퍼센트에 이른다. 예를 들면 중간고사 20퍼센트, 기말고사 40퍼센트, 수행평가 40퍼센트를 합쳐서 100퍼센트의 학기 성적이 완성되는 식이다. 그러니 중간·기말에서 모두 100점을 맞아도 성적표에는 B가 찍히는 일이 비일비재하다. 가뜩이나 3일 연속 치르는 시험에 아이가 잘 적응할 수 있을지 걱정이 한 가득인데, 폭격처럼 쏟아지는 수행평가까지 모두 잘해내야 성적이 완성되니 정말이지 정신이 하나도 없다.

뿐만 아니라 진로 적성과 자기주도 학습 및 인성을 증명할 수 있는 독서록을 꾸준히 적어내야 한다. 거기에 각 과목 선생님들이 수업 시간에 관찰한 아이의 태도나 특이점에 대해 기록하고 주관적인 의견을 덧붙이는 세부능력 및 특기사항(세특)의 기재 내용도 관리해야 한다. 마지막으로 창의적체험활동상황(자율활동, 동아리활동, 진로활동, 봉사활동)과 자치·적응활동(학생회, 학급 자치회, 수련회, 체육대회, 축제)과 같은 학생 스스로 하는 자기주도

활동에 대한 기록도 관리해야 한다. 이 모든 것들이 생활기록부에 기재되기 때문에, 결국 학교생활을 잘한다는 것은 좋은 생기부를 완성하는 것과 같은 의미라고 할 수 있다.

부모님들이 학교를 다녔던 과거를 떠올려보면 그저 중간, 기말고사와 같은 시험을 잘 보면 학교생활을 잘하는 것이었을 거다. 그렇기 때문에 있는 듯 없는 듯 학교에 다니며 암기와 문제풀이 훈련을 잘한다면 얼마든지 좋은 성과를 얻을 수 있었다. 하지만 지금의 학교생활은 그렇지 않다. 전쟁터의 총알처럼 쏟아지는 수많은 수행평가와 비교과 활동을 모두 성실하게 해내야 하고, 또 내 이름이 뭔지도 모르는 안 친한 과목 선생님들에게 먼저 다가가 좋은 학생이라는 눈도장과 평가를 획득해야 하니 정신이 하나도 없다.

이런 아이를 걱정해서 요즘 학교에서 어떻게 지내는지 묻기라도 하면 사춘기 아이는 방문을 꽝 하고 닫는 것으로 응수한다. 이렇게 정신없이 1년을 보내고 나면 다시 떠밀리듯 2학년, 3학년이 지나가고 어느덧 고등학생이 되어 있다.

고등학교에 입학하면 해야 할 일은 더욱더 늘어난다. 수능 준비에 내신 관리, 그리고 생기부 비교과 관리를 동시에 해야 한다. 복병 같은 수행평가 비중도 60퍼센트로 늘어난다. 더구나 고교학점제의 시행으로 어떤 과목을 수강할지도 선택해야 한다. 이런 입시의 첩첩산중에서 아이는 미아가 돼버리기 십상이다. 그러니 어쩌겠는가. 이 복잡한 입시를 이해하기 위해 중학교 때부터 정신을 똑바로 차리는 것밖에 답이 없다.

생기부로 서울대 입학한 아이의 비밀

거시적으로 생각해볼 때 결국 중학교 입학은 대입까지 연결되는 입시 레이스의 첫 출발이라고 볼 수 있다. 적어도 중학교 때 생기부와 내신 관리를 완전히 익히고, 고등학교에 진학한 후 수능과 고교학점제에 역량을 더하는 게 지금으로서는 최상의 입시 전략이라고 할 수 있다.

물론 중학교 때 공들여 관리한 중학교 생기부를 대입에 사용하는 건 아니다. 그렇기 때문에 특목고에 지원하지 않을 거면 굳이 이 복잡한 생기부 관리를 중학교 때부터 할 필요가 없다고 생각할 수 있다. 하지만 그건 아이에게 소중한 기회를 차 버리는 일이다.

잘 만들어진 생기부는 입시에 있어 절대적으로 유리한 고지를 확보해준다. 하지만 생기부는 어렵고 복잡하다. 해야 할 것도 많을 뿐만 아니라 3년에 걸쳐서 아이가 발전하는 과정을 전략적으로 보여줘야 하기 때문이다. 3학년 막판 벼락치기를 통해서 드라마틱한 반전을 만드는 것도 불가능하다. 이런 생기부를 고등학교에 입학해서 처음으로 관리한 아이와 중학교 때 미리 한번 관리해본 경험이 있는 아이는 다른 결과를 가질 수밖에 없다.

일례로 하은이는 영재고 입학을 목표로 누구보다 성실히 중학교 3년을 보냈다. 다른 친구들이 모두 부담 없이 학교생활을 즐길 때도 아이는 우수한 성적과 좋은 생기부를 만들기 위해 고군분투했다. 하지만 안타깝게 영재고에 합격하진 못했다. 늘 우등생이었던 아이는 생애 첫 실패에 낙심했고 쉽게 회복하지 못했다. 그렇게 모두의 걱정 속에 혹독한 중3 겨울방학을 보내게 되었다.

봄이 지나고 여름 무렵 하은이를 다시 만났을 때 아이는 다행히 밝은 모습을 되찾았다. 그리고 지난겨울 동안 자기가 왜 실패했는지에 대해 곰곰이 되짚어봤다고 말했다. 아이는 실패의 원인을 너무 모든 걸 부모님에게 의지하고 정해준 대로만 해왔던 수동적인 태도에서 찾았다. 그래서 이제 모든 걸 스스로 알아보고 결정한다고 했다. 실패는 하은이를 주도적인 아이로 변화시켰다. 더구나 고입을 위해 해봤던 생기부 관리 경험은 아이의 큰 무기가 되었다.

모두가 고등학교에 입학해서 처음 시작하는 낯선 생기부 관리를 하은이는 이미 중학교 때 경험해봤기에 그 경험을 토대로 누구보다 탄탄한 생기부 관리 로드맵을 설계할 수 있었다. 이런 하은이의 대입 결과가 어땠겠는가? 아이는 잘 만든 생기부로 보란 듯이 서울대 의대에 수시 합격했다.

이처럼 중학교 때 생기부를 관리해보는 건 입시에 있어서 정말이지 영리한 전략이며 다시없을 기회이다. 하지만 목표 없이 막연히 관리해보는 건 쉽지 않은 일이다. 그래서 추천하는 방법은 굳이 특목고 입시를 계획한 게 아니더라도, 마치 특목고 입시를 할 것처럼 목표를 세우고 생기부를 진지하게 관리해보는 것이다. 생기부 관리에 실패해도 상관없다. 어차피 아이는 중학생이고 고등학교에 입학하고 만들 진짜 생기부의 연습을 해본 것이니 말이다. 어떻게 하는 건지, 무엇이 어려웠는지, 어떻게 하면 실패하는지와 같은 경험을 미리 해볼 수 있다는 것만으로도 이미 얻을 건 다 얻은 것이다.

경쟁력이란 남들보다 뛰어난 상태를 말한다. 남들도 모두 쉽게 할 수 있는 일이라면 결코 경쟁력이 될 수 없을 것이다. 생기부를 관리하는 건 복잡하고 어려운 일이지만 그렇기 때문에 도전할 가치가 있다.

여기에서는 생기부에 대해 이해해보고, 이를 통해 어릴 때부터 공들여 탄탄하게 만든 독서력이 아이의 입시에서 구체적으로 어떻게 도움이 되는지에 대해 말해보고자 한다.

생기부는 무엇이고,
어떤 내용이 기재될까?

생기부는 학생의 학교생활 전반에 대한 기록이다. 출결과 학업 성취도뿐만 아니라 강점과 약점, 특이 사항 등이 전부 기록되는데 이걸 보통 교과(성적)와 비교과로 구분한다. 생기부를 먼 훗날 자신의 자녀에게 보여주려고, 혹은 당장 부모님에게 칭찬을 받거나 자기만족의 목적으로 관리하는 사람은 없다. 생기부의 목적은 입시를 향해 있다. 그러니 쉽게 아이의 학교생활 인스타그램이라고 생각해도 좋겠다. 단, 항목이 정해져 있고 반드시 선생님의 손을 통해서만 작성된다. 교육부가 정한 룰을 준수하면서 말이다.

이 학교생활 인스타그램의 구독자는 아이가 꿈꾸는 상급 학교다. 그들이 기꺼이 '좋아요'를 누를 수 있도록 주어진 3년 동안 아이의 계정에 매력적인 내용들을 차곡차곡 채워나가야 한다.

생기부에 들어가는 8가지 항목

생기부 항목은 총 8가지로 구성되어 있다.

① 인적·학적사항

② 출결상황

③ 수상경력(교내 대회만 기재)

④ 창의적체험활동상황(자율활동, 동아리활동, 봉사활동, 진로활동)

⑤ 교과학습발달상황(성취도, 세부능력 및 특기사항)

⑥ 자유학기활동상황(진로, 주제선택, 예술체육, 동아리)

⑦ 독서활동상황

⑧ 행동특성 및 종합의견

이건 고등학교에 가도 똑같다. 차이점이라 봤자 '⑥ 자유학기활동상황'이 빠지고 대신 '자격증 및 인증 취득상황'이 기재되는 것뿐이다. 그러니 중학교 때든 고등학교 때든 한 번만 익숙해지면 된다. 부모님 세대의 생기부는 출결과 지필 평가(중간, 기말고사), 수상 이력과 담임 선생님이 간략하게 써주신 의견이 전부인 한 장짜리 단출한 형태였다. 그렇다 보니 다소 복잡한 요즘 생기부를 보면 격세지감이 느껴질 수 있다.

생기부 내용이 이렇게까지 많은 이유는 간단하다. 상식적으로 생각해볼 때 아침부터 저녁까지 아이가 학교에서 배우는 것과 하는 일들이 얼마나 많겠는가. 그 모든 과정을 기록하고 평가하겠다는 취지를 가졌으니 내용이 많을 수밖에 없다. 주목해야 할 점은 생기부를 이해하는 건 무척 어려운 일이라는 점이다. 딱 봐도 복잡하고 낯선 데다 내용도 무척 많다. 그렇기 때문에 입시를 치렀음에도 불구하고 생기부 관리에 대한 노하우가 전무한 학생도 허다하다. 그리고 바로 이런 점이 생기부가 기회가 될 수 있는 이유다. 모두가 모른다면 그만큼 좋은 생기부가 귀하단 얘기이지 않겠는가.

생각해보면 입시에서는 어느 대학 혹은 어느 전공이건 어차피 성적은 이미 고만고만한 아이들이 지원한다. 더욱이 서울대를 필두로 내로라하는 명문 대학들은 내신이나 수능 등급 기준을 통과한 학생을 1차 선발한 후, 생기부 기재 사항, 면접 등을 통해 최종 합격자를 선발하는 추세다. 이건 한마디로 성적으로 1차 예선을 하고, 본선은 생기부로 한다는 말이다. 그렇기 때문에 내신 등급이 낮은데도 좋은 대학에 합격했다는 이야기가 자주 들려오는 것이다.

생기부 관리는 결국 스토리 싸움이다

그럼 이런 경쟁력 있는 생기부는 어떻게 만드는 걸까? 보통 생기부 관리란 성적 이외의 요소인 비교과 내용을 매력적으로 만드는 일을 말한다. 기본적으로 모든 학교는, 진로 목표를 자기 주도적으로 이루어가는 여정이 잘 담긴 생기부에 높은 점수를 준다.

그렇기 때문에 1학년에 진로를 고민하고 탐색하는 과정을, 2학년에 진로 목표를 확정하고 이를 심화하기 위한 학습 과정을, 3학년에 더 심화된 모습으로 차근차근 아이가 성장하는 과정을 담아주어야 한다. 또한 이런 항목들에서 좋은 평가를 얻기 위해서는 선생님들과의 관계가 특히 중요하다.

한 예로 진로 목표가 법조인인 도준이는 2학년 여름방학을 앞두고 담임선생님을 찾아갔다. 아이는 방학 때 진로와 관련된 자율 활동을 하고 싶은데 책이나 활동을 추천해달라고 부탁했다. 체육 선생님이었던 담임 선생님은 도덕 선생님을 찾아가서 도준이 이야기를 했고, 도덕 선생님은 2학기 수업 내용과 연계해 방학 동안 미리 읽을 만한 법과 관련된 책을 추천해주셨다. 아이는 방학 동안 추천받은 도서를 읽고 독서록을 냈고, 담임 선생님은 이 책을 자율 활동에 기입해주셨다. 그리고 도덕 선생님도 과목 세특에 자기주도적인 자세로 예습하는 긍정적인 태도를 보였다는 평가를 적어주셨다.

이처럼 좋은 생기부를 만들기 위해서는 적극적으로 선생님을 찾아가서 자문을 구하고 자기를 어필해야 한다. 도준이의 케이스에서 또 한 가지 눈여겨봐야 할 점은 생기부의 모든 항목을 관통하는 일관된 원칙이 있다는 것이다. '진로-자기주도 학습 - 교과 학습 내용 - 독서록' 이 4가지 항목에 기재된 내용들이 서로 동떨어지지 않고 하나의 맥락으로 짜임새 있게 잘 구성될 때, 이른바 '사위일체' 될 때 생기부의 힘은 막강해진다. 만약 사위일체가 다소 미흡하다고 생각된다면 부족한 내용을 동아리나 봉사로 채우면 된다.

정리해보면 결국 생기부 관리는 스토리 싸움이라고 할 수 있다. 좀 더 참신한, 그리고 탄탄한 스토리를 보여줄 수 있는 아이가 입시에서 주목받는다. 그렇기 때문에 좋은 생기부를 만들기 위해서는 기본적으로 스토리텔링 능력이 필요하다. 마치 드라마나 소설가가 소설을 쓰기 전에 대략적인 스토리보드를 만들어두는 것처럼 3년 동안의 장기 로드맵을 어느 정도 미리 계획하는 게 좋다.

생기부에 스토리 담는 법을 모르는 학부모들은 이걸 고액 컨설팅 회사에 의뢰하기도 한다. 하지만 돌발 상황도 많고 그만큼 돌발 변수도 많은 학교생활 매 순간을 컨설팅 선생님이 함께해줄 수는 없다. 그러니 가장 효율적이고 좋은 생기부는 아이 스스로 계획하고 만들어간 생기부다.

이런 좋은 생기부를 만들기 위해서는 능동적이고 적극적인 자세가 필요하다. 지금까지 학원에서 잘 정리된 이론을 배우고, 암기하고, 문제 풀이를 반복하는 수동적인 공부법에 익숙한 아이들은 절대 좋은 생기부를 만들어낼 수 없다. 긴 시간 책을 읽으며 스스로 생각하고, 글을 써보고, 토론하는 데 시간을 투자한 아이들만이 달콤한 열매를 딸 수 있다. 그 열매가 바로 입시에서 모든 대학교가 최소 60퍼센트 비중으로 학생 선발에 반영하는 학생부 종합전형의 근거 자료인 생기부인 것이다.

모든 입시는
독서록으로 통한다

중학교에 들어가면 매 학기 평균 6권 정도의 독서록을 제출해야 한다. 지금까지는 학교별 독서록 양식에 맞춰 손으로 써서 제출하는 것이 일반적이었지만, 요즘은 '독서로'라는 사이트에 업로드 하는 추세다. 분량의 경우 학교마다 다르긴 한데 보통은 1,000자 내외를 쓴다고 보면 된다. '독서로'에 업로드한 독후감은 해당 사이트에서 다운로드를 받고 인쇄한 후 선생님에게 찾아가서 제출까지 해야 완료된다. 이때 어떤 과목 선생님에게 제출할지도 정해야 한다.

독서록을 받은 과목 선생님은 쓴 글을 검사하고 큰 이상이 없다고 판단되면 '독서활동상황'란에 해당 책의 제목과 작가명을 기재해주신다. 간혹 선생님이 열정적인 경우에는 해당 책을 '과목 세부능력 및 특기사항'란에 기입해주시기도 한다. 이때는 선생님의 의견을 덧붙이기 때문에 선생님 입장에서는 '독서활동상황'란과 비교하면 더 품이 많이 드는 일이다. 하지만 학생 입장에서는 좋은 세특을 확보할 수 있어 더할 나위 없이 좋은 일이다.

생기부 기재 도서를 선정하는 세 가지 기준

독서록 책 선정에 있어서 소소하게 주의해야 할 점은 학교 도서관에 있는 책이어야 한다는 점이다. 물론 도서관에 없는 책을 쓰지 못하는 건 아니다. 구매 신청을 하면 되니, 학교 도서관에 독후감을 쓴 책이 구비되어 있는지 사전에 확인해야 한다.

독서활동상황 관리에서 아이들이 어려워하는 점이면서 동시에 핵심이라고 할 수 있는 건 도서 선정이다. 기본적으로 독서록을 제출할 때 읽은 책의 난이도는 크게 중요하지 않다. 너무 쉬운 책만 아니라면 초등학교 수준의 책을 읽고 써도 상관없다. 대신 3년 동안 만들어진 도서 리스트가 하나의 방향성을 가져야 한다는 점을 명심해야 한다. 당연히 이 방향성은 아이의 진로 목표와 연계된 것이어야 하고 말이다.

말 그대로 한 권 한 권의 책이 얼마나 좋은 책이냐가 중요한 게 아니라, 읽은 책의 리스트가 전달하는 맥락이 중요하다. 마치 퍼즐 맞추기를 할 때 각각의 조각에는 의미가 없지만, 그 조각들이 다 맞춰졌을 때 하나의 그림이 완성되는 것과 같은 원리다. 진로 목표라는 큰 그림을 염두에 두고서, 한 권 한 권의 책을 퍼즐 조각 놓듯이 적재적소에 배열해야 한다.

도서 선정이 어렵다면 다음의 세 가지 분야로 정리될 수 있는 책을 선택하는 걸 추천한다. 첫째는 나의 진로 목표와 관련이 있는 책이다. 반복해서 말하지만 진로가 명확한 아이는 입시에서 거의 절대적이라고 할 만큼 유리한 고지를 차지한다. 그렇기 때문에 생기부의 모든 영역은 진로를 염두에 둘 필요가 있다. 이때 진로 목표와 관련 있는 책은 꼭 아이가 목표로 하는 전공과 직접적으로 관련된 책일 필요는 없다. 어떤 분야의 책을 읽건 책 내용과 나의 진로 목표를 연결시킬 줄 아는 센스가 더 중요하다.

예를 들어 법학과 진학을 목표로 했던 윤찬이는 《사피엔스》를 읽고 인간의 삶에 가장 큰 영향을 끼치는 가상의 실재와 상상의 질서를 탐색하며 법과 정의가 가장 중요하다는 결론을 내리는 독서록을 작성했다. 또 《침묵의 봄》을 읽고 어릴 적에 겪은 '가습기 살균제 사건'을 연관 지어, 현재 재판 과정이 지지부진한 이유는 해당 분야에 대한 충분한 지식을 가진 법조인의 부재라고 문제를 제기한 뒤, 이어서 자신은 꼭 이를 보완하는 법조인이 되겠다는 다짐으로 독서록을 연결했다. 이처럼 분야에 관계 없이 아이가 읽은 책을 진로 적성으로 연결해서 생각할 수 있는 능력이 필요하다.

둘째는 자기주도 학습과 관련된 책이다. 대표적인 예로《최적의 공부 뇌》《묻는다는 것》《인디펜던트 워커》《자기결정의 원칙》《과학자의 서재》, 알랭 드 보통의《뭐가 되고 싶냐는 어른들의 질문에 대답하는 법》과 같은 책이 있다. 학생을 선발해야 하는 상급 학교에서는 성적을 올리기 위해서 학생이 구체적으로 어떤 노력을 했는지 궁금해한다. 자소서나 면접을 통해 공부 계획과 방법에 대해 직접 묻기도 하지만 독서활동상황이나 다른 생기부 기재 사항을 통해 이 점을 확인하려고 할 것이다. 그러니 기회가 될 때마다 틈틈이 자기주도 학습에 대한 노력을 어필할 필요가 있다.

마지막으로 인성(협업 능력, 나눔과 배려, 소통 능력, 도덕성, 성실성, 리더십, 자기주도성)과 관련된 책이다. 사실 이 부분은 무엇으로 연관 지어도 다 말이 된다. 그러니 읽었던 책 중 진로 목표를 1순위로 두고, 2순위를 자기주도 학습과 관련된 책으로 분류한 후 남는 책을 인성 항목을 어필할 책으로 배치하면 된다. 여러 가지 책 중 자서전 분야의 책은 진로 적성, 자기주도 학습, 인성에도 모두 다 활용할 수 있는 조커 같은 장르다.

생기부 관리의 생명은 '꾸준함'

독서활동상황 관리에 있어 의외의 복병은 독서록을 제출하는 일이다. 말 그대로 제출하는 행위 말이다. 그만큼 다 쓴 독서록을 학교에 제출하지 않는 아이들이 비일비재하다. 쓰는 것도 게으른데 업로드는 더 안 한다. 지켜보던 부모님이 나서서 사이트에 글을 업로드하고 출력본을 아이 손에 쥐어주며 선생님에게 제출하라고 신신당부해서 학교에 보내지만, 청개구리가 된 아이는 이마저도 하지 않는다. 반 친구들과 노느라 정신이 없기도 하고 귀찮은 일이라 미루다 보면 결국 하교 시간이 되고 마는 것이다.

그렇게 미루고 제출하지 않은 독서록을 한꺼번에 제출할 수도 없다. 꾸준함은 생기부 관리에서 중요하게 보는 요소이기 때문이다. 미루다 3학년 때 한꺼번에 제출하는 모습을 보이면 그건 오히려 마이너스가 될 뿐이다. 생기부는 꾸준히 준비한 성실한 사람들의 그들만의 리그라는 점을 명심해야 한다.

중학교에서 공들여 만든 독서활동상황에 적힌 도서 리스트가 고입이나 대입에 직접적으로 제출되거나 하지는 않는다. 하지만 여기에 적힌 도서 리스트를 토대로 자소서를 쓰게 되고, 이 자소서는 주요 입시의 관문에서 만나게 될 면접의 질문 포인트가 된다. 대입에서도 마찬가지다. 독서활동상황에 적힌 도서 리스트를 대입 서류로 직접 제출하진 않지만, 이 리스트는 세부능력 및 특기사항(세특), 창의적체험활동상황(창체)에 기록되고 대학은 이것을 학생의 주도적인 학습 태도와 지적 호기심을 확인하는 중요한 요소로 평가한다. 그래서 '모든 입시는 독서록으로 통한다'라는 말이 있을 정도로 독서활동상황은 학생을 평가하는 중요한 수단이 된다.

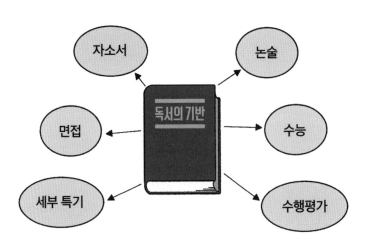

입시를 좌우하는 독서 경쟁력

수행평가 잘 보는 아이는
뭐가 다를까?

보통 한 학기 성적의 40~60퍼센트가 수행평가를 통해 정해진다. 그렇기 때문에 중간·기말 고사를 아무리 잘 봐도 수행평가를 망치면 좋은 성적을 받을 수 없다. 생기부 성적에서 큰 구멍이 생긴다면 수습할 방법조차 없으니 수행평가는 절대 만만하게 볼 부분이 아니다.

수행평가는 쉽게 설명하자면 교과 선생님이 수업 시간에 내준 과제를 수행하는 능력을 말한다. 평가 과정을 살펴보면 우선 선생님이 평가 계획서와 함께 과제를 내주시고, 아이들은 내용을 꼼꼼하게 숙지한 후 계획안을 제출한다. 이후 해당 과제를 실행하고 그 결과물을 제출한다. 제출된 과제를 자가 평가하거나 수정하는 과정도 있는데, 경우에 따라서 그 내용을 소감문으로 써서 제출하기도 한다. 이런 일련의 수행평가 과정을 관찰한 선생님은 그 내용을 생기부의 세부능력 및 특기사항에 적어주시기도 한다.

수행평가에서 두각을 나타내는 아이는 당연히 어릴 때부터 책을 많이 읽고 다양한 독후 활동을 해온 아이다. 더욱이 요즘은 수행평가 과제를 수업 시간에 내주고, 그 자리에서 바로 해서 제출하게 하는 일도 잦다. 이건 부모님이나 학원의 도움을 배제하기 위한 조치다. 그러니 결국 무엇이 주어져도 스스로 힘으로 잘해낼 수 있는 아이가 모든 면에서 유리할 수밖에 없다.

수행평가에서 좋은 점수 받는 비법

전체 과목에서 빈번하게 사용되는 수행평가 유형은 포트폴리오 만들기, 주제 글쓰기(논·서술형), 탐구 보고서, 구술·발표, 토론·토의, 마인드맵, 사전 만들기 등이 있다. 이 중 탐구 보고서는 주로 실험 또는 실습 내용을 정리해서 쓰는데, 조사 관찰, 실험, 자료 해석, 결론 도출의 과정을 정리하는 보고서이다. 중학교

1학년 수행평가의 특이점은 성찰과 자아 탐색에 관련된 주제가 특히 많다는 점이다. 가치관을 찾거나, 교훈을 발견하고, 삶의 방향성을 찾아가는 경험을 글로 쓰는 수행평가가 과목을 막론하고 자주 등장한다. 아이가 학교에 입학하고 첫 수행평가를 무난하게 치르는 건 앞으로 수행평가에 대한 자신감을 확보하기 위해서도 중요한 일이다. 그러니 이런 주제에 대한 준비는 미리 해두는 게 좋다.

수행평가에서 좋은 점수를 얻기 위해서는 기본과 원칙에 충실해야 한다. 명심해야 할 점으로 첫째, 일정을 잘 챙겨야 한다. 이건 지극히 상식적인 기본이지만 의외로 많은 아이들이 이걸 잘 못한다. 둘째는 선생님이 주신 '평가 계획서'에 나온 '목적'과 '조건'을 충실히 따라야 한다.

중학교 1학년인 지율이네 학교에서는 수행평가로 인해 생긴 해프닝이 하나 있었다. 수행평가로 황순원의 《소나기》라는 소설의 뒷이야기를 상상해서 이어 쓰는 과제가 나왔는데, A를 받은 학생이 한 명도 없는 초유의 사태가 벌어졌던 것이다. 이 단원의 목표는 '갈등'이었고, 선생님이 나눠주신 평가 계획서에는 소설의 3요소를 이용해《소나기》 속 갈등의 뒷이야기를 쓰라는 과제가 적혀 있었다. 대다수 아이들은 최선을 다해 갈등과 해소를 잘 담아낸 소설의 뒷이야기를 재미있게 만들어서 제출했다. 하지만 누구도 평가 계획서에 적힌 첫 번째 조건인 소설의 3요소를 적지 않았다. 굳이 소설의 앞부분에 이미 나온 인물, 사건, 배경을 또 적어야 할 필요성을 느끼지 못한 탓이다. 그래서 결국 아무도 A를 받지 못했다.

수행평가에서는 잘된 작품을 요구하는 게 아니기 때문에 목적과 조건에 맞는 결과물을 제출해야만 높은 점수를 얻을 수 있다. 하지만 문해력이 낮은 아이들은 짤막한 평가 계획서조차 제대로 읽어내지 못한다. 또 그로 인해 최선을 다했음에도 좋은 성적을 받지 못하는 안타까운 모습을 자주 목격하게 된다.

세 번째는 어떤 형식을 사용하라고 했는지 잘 보고, 여기에 충실해야 한다. 암기나 빈칸 채우기는 가장 단순한 형태로 이건 그냥 열심히 외워서 하면 된다. 하지만 다른 형식들은 그렇지 않다. 스피치 형식을 요구했다면 조리 있게 말하기 방식에 대한 본인의 기준이 있어야 한다. 매체를 활용하는 방식이라면 각 매체의 특성을 이해하고 적재적소에 사용해야 한다. 그래프, 영상, 도표, 동영상, 신문 기사, 그림, 사진은 모두 각 매체의 특징이 있다. 그런데 이런 유형의 수행평가는 단순히 문해력 문제집만 풀어온 아이들에게는 절대적으로 불리하다. 이와 반대로 책이나 신문 등 평소 다양한 방법으로 문해력을 키워온 아이들에게는 큰 기회가 된다.

설명문, 논설문, 연구보고서를 제출할 때도 각 분야의 특징을 잘 알아야 한다. 포트폴리오의 경우에는 성실함을 평가하고자 하는 목적이 크기 때문에 수업 시간에 준 자료나 필기를 무조건 잘 모아두고 정리해둬야 한다. 선생님이 검사할 때도 꼼꼼히 하기보다는 대충 훑어보는 경우가 많다. 그렇기 때문에 내용보다는 가급적 분량이 많게, 정갈한 글씨로 빼곡하게 쓰는 게 유리하다.

생각을 확장하는 아이가 이긴다

지금까지 설명한 방법은 모두 무난한 수행평가에 대한 팁이다. 그런데 아이들 중에는 무난함을 넘어 특별한 수준으로 수행평가 과제를 완성하는 아이가 있다. 이 아이들은 선생님이 내주신 과제에 스스로 심화·보충을 추가해서 과제를 완성한다. 바로 독서나 진로와 연계해서 말이다.

일례로 중학교 2학년인 가현이는 '피타고라스의 원리를 일상에서 찾아서 설명하라'는 수행평가 과제를 받았다. 아이가 잡은 주제는 피타고라스의 정리를 독도의 가시거리에 적용해서 독도의 높이를 측정하는 것이었다. 여기까지가 무난한 수행평가다. 아이의 특별함은 수행평가 결과를 통해 일본과 일본 쪽에 동조하는 국가들이 어디를 독도의 최고봉으로 보는지, 우리나라는 독도의 최고봉을 어디로 보는지에 대한 탐구를 추가했다는 점이다. 아이는 이 비교 분석을 통해 자신의 의견을 피력하고 이를 본인의 진로와 연결해서 국제 분쟁을 해결하기 위해서는 정확한 기준점과 통계 자료가 필요하다는 주장을 펼쳤다. 이 수행평가는 국제 관계와 다소 관련이 없을 것 같은 수학 과목 세특에 기재되었고, 이후 고등학교 입시에서도 좋은 평가를 받게 되었다.

이 같은 특별한 수행평가는 새로 배운 것과 이미 알고 있는 것을 접목하고, 거기에 무엇을 탐색해야 하는지를 추가했을 때 완성된다. 그리고 이 세 가지가 조화를 이루어야 한다. 하지만 아이들 대부분은 이걸 잘하지 못한다. 지극히 표면적으로 수업 시간에 들은 것만 생각하고 여기에 기존에 알고 있던 것을 적용해서 생각을 확장하고 심화시키는 걸 어려워한다. 결국 특별한 수준의 수행평가 역시 어릴 때부터 독서를 많이 하고, 책의 내용에 대해 생각하는 습관이 잡힌 아이들만이 해낼 수 있는 그들만의 리그라고 할 수 있다.

진로 탐색에 독서만큼
손쉬운 방법은 없다

좋은 생기부를 만들기 위해서는 진로 목표가 분명해야 한다. 1학년 때는 항공기 조종사가 되고 싶었는데, 2학년 때는 화학자가 되고 싶고, 3학년 때는 의사가 되고 싶은 아이는 어떤 대학에서도 뽑아주지 않는다. 또한 생기부를 봐도 이 학생이 장래에 무엇이 되고 싶은지 뚜렷하게 보이지 않는다면 그런 생기부 또한 매력적이지 않다. 그러니 좋은 생기부를 만들기 위해서는 우선 진로 목표를 잘 정해야 한다.

진로 목표를 정하는 골든타임은 중학교 1학년 자유학기이다.

이때 학교에서는 진로 적성을 찾기 위한 다양한 활동을 한다. 하지만 중학교에 갓 입학해 한참 들떠 있는 보통의 아이들은 자유학기를 진지한 목표 탐색의 시간으로 활용하지 못한다. 그도 그럴 것이 내가 온 힘을 쏟아서 간절히 이루고 싶은 목표가 어느 날 갑자기 '지금부터 정해보자' 하면 '짠'하고 만들어지는 게 아니기 때문이다. 무엇이 될지 목표를 정하려면 먼저 무엇이 될 수 있는지 알아야 한다. 그리고 이걸 알기 위해서는 세상에 대해 두루 알아야 한다. 그런 다음 나의 적성에 대해 고민해보는 과정이 필요하다.

진로 적성을 독서로 찾는 법

중1 자유학기를 알차게 활용하고자 한다면 적어도 1년 전인 초등 6학년 때부터는 목표 탐색을 위한 사전 준비를 시작해야 한다. 하지만 아이들은 생각보다 아는 게 없다. 보통 대치동에서 공부 좀 한다 싶은 아이들은 유치원 때부터 초등학교 2학년까지는 레벨 테스트가 악명 높은 영어 학원 간판을 따기 위해 고군분투하고, 이후 초등학교 3학년 무렵이 되면 본격적인 수학 선행에 돌입한다. 그리고 4학년 이후가 되면 선행 진도와 성적이 삶의 유일한 목표인 수학의 세계에 빠져 일주일에 책 한 권 읽을 시간조차 확보하기 어려운 바쁜 삶을 산다.

이런 교육 사이클 속에서 아이는 고등학교의 수학 문제를 척척 풀 수 있을지 모르겠으나 정작 현재 자신이 살고 있고, 앞으로 살아가야 할 세상에 대한 지식이 전무하다. 아이가 알고 있는 진로에 대한 정보 또한 안타깝게도 수학자, 의사, 선생님과 같은 초등학교 저학년 수준에서 멈춰 있다. 반면 책을 손에서 놓지 않고 다방면의 많은 책을 읽은 아이들은 세상에 대한 지평이 넓을 수밖에 없다. 세상을 아는 데 있어서 독서만큼 손쉬운 방법은 없다. 이 말을 부정할 사람은 아마 없을 것이다.

최근에는 다양한 직업을 소개하는 어린이·청소년용 도서가 많이 출판되고 있다. 그런데 꼭 이런 도서가 아니더라도 나와 인간에 대해 깊이 고민해볼 수 있는 명작 도서도 좋고, 미래 세상의 모습을 상상해볼 수 있는 공상과학 소설도 좋다. 세상이 어떤 곳인지에 대한 정보를 담고 있는 비문학 도서를 읽는 것도 좋다. 꼭 다방면의 책 읽기가 아니어도 상관없다. 좋아하는 분야의 도서를 계속 파 보는 것도 좋은 방법이다.

자소서를 쓸 때 진로 적성을 찾게 된 계기로 가장 빈번히 등장하는 사례는 관심 분야의 책을 읽다 보니 자연스럽게 진로 적성을 찾게 되었다는 스토리다. 그만큼 진로 적성을 찾아가는 데 있어서 독서만큼 좋은 방법은 없다. 일론 머스크도 공상과학 소설을 보고 진로를 정했다고 하지 않는가.

세상을 바라보는 안목을 키우는 법

개인적으로 추천하고 싶은 장르는 현대를 살아가는 유명인의 삶을 담고 있는 자서전, 현대 인물에 대한 위인전과 같은 책이다. 버락 오바마에 대한 책을 읽는다면 단지 대통령에 대해 알게 되는 게 아니라 정치와 행정부에 대한 이해의 기반을 만들게 될 것이다. 마찬가지로 일론 머스크에 대한 책을 읽고 아이는 IT 업계의 전반적인 이해의 바탕을 만들 수 있다. 이렇게 특정 분야에 뛰어난 성과를 보인 인물에 대해 알아가는 건 아이가 속한 세상에 대한 이해를 높이고, 더불어 어떤 사람이 될지 고민할 좋은 기회다.

이런 책 읽기가 여의찮다면 아이와 함께 신문이나 뉴스를 보는 방법도 있다. 이때 어른들의 이슈에 대해 아이 눈높이에서 대화하는 일이 어렵게 느껴질 수 있다. 이럴 때는 사회적 이슈에 대해 자세히 설명해주는 것도 좋다. 어서 빨리 어른이 되고자 하는 욕망이 있는 아이는 사회 문제에 대해 알게 되는 걸 무척 좋아한다. 단지 그 일에 대해서 이해하는 것만으로도 동참하고 있다는 느낌이 들기 때문이다.

예를 들어 '로또 청약'이 이슈라면 아이에게 청약이 뭔지, 왜 사람들이 청약에 관심이 많은지를 설명해준다. 또 아이가 미래에 청약을 넣기 위해 단계적으로 어떤 준비를 해나갈지, 구체적으로 자금 마련은 어떻게 하면 좋을지 계획을 세워보는 것도 좋다. 이와 함께 아파트 매매, 혹은 아파트와 관련된 부동산중개사, 건축기획(시행사), 설계사, 토목기사, 전기기사, 소방기사, 건축구조기술사, 재무담당자, 회계사, 변호사 등의 다양한 직업에 대해서 자연스럽게 이야기 나누어볼 수 있다.

하지만 이런 대화를 하기 위해서는 부모님에게도 많은 배경지식이 필요한데, 자신이 속한 직업군 이외의 세계에 대해서 자세한 정보를 갖는 건 어른에게도 어려운 일이다. 그러니 부모님 역시 공부할 필요가 있다. 시중에는 청소년을 대상으로 직업, 전공을 소개한 책이 많다. 하지만 이런 책에 등장하는 짤막한 설명만으로 아이가 그 직업에 대해 이해하기에는 다소 어려움이 있다. 그러니 부모님이 함께 보면서 대화해줄 것을 추천한다. 특히 요즘은 《인물 직업카드》《미리 보는 미래유망직업카드 2025》와 같이 직업을 카드 형식으로 담아서 소개한 책도 봇물 터지듯 출판되고 있는데 이런 책을 응용해보는 것도 좋다.

성적 초격차를 만드는 독서력 수업

초판 1쇄 발행 2025년 3월 19일
초판 9쇄 발행 2025년 3월 31일

지은이 김수미
펴낸이 이경희

펴낸곳 빅피시
출판등록 2021년 4월 6일 제2021-000115호
주소 서울시 마포구 월드컵북로 402, KGIT 19층 1906호

ⓒ 김수미, 2025
ISBN 979-11-94033-58-5 03590